**Reza Safari**
**Zahra Yaghoubzadeh**

# Extração e avaliação da ficocianina da Spirullina platensis

Reza Safari
Zahra Yaghoubzadeh

# Extração e avaliação da ficocianina da Spirullina platensis

ScienciaScripts

Cover image: www.ingimage.com

This book is a translation from the original published under ISBN 978-620-7-80929-5.

Publisher:
Sciencia Scripts
is a trademark of
Dodo Books Indian Ocean Ltd. and OmniScriptum S.R.L publishing group

120 High Road, East Finchley, London, N2 9ED, United Kingdom
Str. Armeneasca 28/1, office 1, Chisinau MD-2012, Republic of Moldova, Europe
Printed at: see last page
**ISBN: 978-620-7-92223-9**

# Extração e avaliação da ficocianina da *Spirullina platensis*

Autores:

Reza Safari e Zahra Yaghoubzadeh

*Membro do corpo docente, Instituto Iraniano de Investigação das Ciências da Pesca (IFSRI), Teerão, P.O. Box 14965-149, Irão*

**Resumo**

O objetivo desta investigação foi a extração e purificação do pigmento ficocianina, nanoencapsulação, avaliação das propriedades antimicrobianas e antioxidantes, efeito do pH, temperatura, luz em diferentes tempos na estabilidade da ficocianina (formas livre e encapsulada), e finalmente, o seu efeito nas propriedades qualitativas e sensoriais do gelado. A ficocianina foi extraída por ultra-sons, congelada e não congelada, por solventes enzimáticos e inorgânicos e depois purificada por sulfato de amónio. O pH (4,5, 5,5 e 7), as temperaturas (-18, 4 e 10ºC), os tempos (15, 30 e 45 dias) e a luz (claridade e escuridão) e a concentração de ficocianina foram utilizados para avaliar a estabilidade das ficocianinas livres e encapsuladas. As propriedades antioxidantes da ficocianina foram estudadas com três métodos (DPPH, FRAP e quelação de metais) e a atividade antimicrobiana do pigmento foi também avaliada utilizando os métodos de difusão em disco de ágar e de microdiluição. A ficocianina livre (100 µg/ml) e a encapsulada (500 µg/ml) foram utilizadas para avaliar as alterações qualitativas e as propriedades sensoriais do gelado. Os resultados mostraram que a matéria seca da espirulina era de 1120 mg/l e que a maior eficiência de extração e pureza da ficocianina estavam relacionadas com a extração enzimática, com 1,815 mg/ml e 0,825, respetivamente. Estes valores aumentaram para 3,751 mg/ml e 1,135 após purificação por sulfato de amónio. A eficiência de encapsulação da ficocianina foi de 73,41% e os resultados do tamanho das partículas mostraram que o tamanho e a densidade da ficocianina encapsulada eram de 381,7 nm e 73,3%, respetivamente, e o diâmetro médio das partículas no SEM também era de 51,4-221 nm. A taxa de libertação da ficocianina foi baixa em pH 1,2 (7-13%), mas em pH 7,4, a taxa de libertação aumentou significativamente (71%). Os resultados de DPPH, FRAP e quelação de metais a 500 µg/ml foram superiores a 200 µg/ml e os seus valores em ficocianina livre no tempo zero foram 57,22, 0,061 e 51,45, respetivamente, que diminuíram para 50,32, 0,053 e 45,32 no dia 60. As alterações na ficocianina encapsulada no tempo zero foram 58,56, 0,063 e 54,48 e aos 60 dias, 54,14, 0,06 e 53,25, respetivamente. Os resultados da atividade antimicrobiana da ficocianina mostraram que as bactérias gram-positivas, especialmente *a Listeria monocytogenes*, eram mais susceptíveis do que outras bactérias, com exceção da

*Streptococcus iniae*. Os valores de CIM e CBM situaram-se entre 400-50 e 500-100 µg/ml, respetivamente, sendo a CIM mais baixa para *Listeria monocytogenes* e a CBM mais elevada registada para *Streptococcus iniae*. A estabilidade da ficocianina a temperaturas de -18°C, 4°C e 10°C nos três pHs testados foi de 4,5>7>5,5. Os resultados das alterações na concentração da forma encapsulada foram inferiores aos da forma livre. Os resultados do efeito da luz mostraram que a concentração de ficocianina livre e encapsulada teve uma tendência decrescente com o tempo de armazenamento e estes valores foram mais elevados na luminosidade e pH=5,5 do que na escuridão e pH=4,5 e 7, respetivamente. A utilização de ficocianina no gelado melhora a dureza e a taxa de fusão e os parâmetros sensoriais, como a textura, a gomosidade, a cristalinidade e a frieza, e esta propriedade da ficocianina encapsulada foi melhor do que a da ficocianina livre. No entanto, o índice de cor foi mais pronunciado no último tratamento. Devido às propriedades da ficocianina, especialmente na sua forma encapsulada (elevadas propriedades antioxidantes, estabilidade em diferentes condições, antimicrobianos moderados), pode ser utilizada como antioxidante ou corante biológico numa variedade de produtos lácteos, bebidas e sobremesas.

**Palavras chave:** *Spirulina platensis*, ficocianina, gelado, encapsulamento, antioxidante, antimicrobiano, propriedades de qualidade

## Capítulo I: Introdução e generalidades

Incluir....

- Pigmentos naturais nos alimentos
- A utilização de corantes biológicos na indústria alimentar e farmacêutica
- A importância das microalgas e dos seus pigmentos na indústria alimentar
- Algas Spirulina Ficocianina
- Encapsular
- Gelado

## Corantes naturais nos alimentos

Um dos factores mais importantes para avaliar a qualidade de um produto alimentar é a cor, o aroma e o sabor, sendo a cor o parâmetro mais importante para a aceitação do produto pelo cliente. Em alguns materiais alimentares, tais como bebidas, vários tipos de gelados, geleias, chocolates e produtos lácteos, o fator cor é de particular importância. Os corantes derivados de fontes minerais como o crómio, o cromato de chumbo e o sulfato de cobre podem causar graves problemas de saúde. A utilização de corantes artificiais, devido aos seus resíduos nos alimentos, à poluição ambiental, à baixa estabilidade, à sensibilidade a factores ambientais, bem como à utilização de substâncias menos benéficas na sua formulação, tem vindo a diminuir de dia para dia, e os produtores de alimentos estão a mostrar uma maior inclinação para a utilização de corantes naturais. Os corantes naturais, devido aos seus efeitos positivos na saúde das pessoas, efeitos nutricionais e medicinais, ausência de problemas ambientais e mercado adequado, têm o potencial de substituir os corantes artificiais. As estatísticas mostram que o comércio de corantes e aromatizantes naturais realizado pela União Europeia em 2008 foi de 475 mil toneladas, o equivalente a 2055 milhões de euros. Os corantes naturais mais importantes incluem carotenóides, beta-caroteno, licopeno, xantofila, luteína, ficobiliproteínas, urucum, flavonóides, antocianinas e clorofila (Rymbai et al., 2011; Nuhu, 2013; Moorhead et al., 2011; Hosseini et al, 2013; Nagpal et al., 2011).

A secção seguinte menciona as razões mais importantes para a utilização de corantes nos alimentos:

1- Aumentar a cor do produto, especialmente em bebidas cuja cor inicial não é muito favorável.
2- Padrão - mostrando a cor e a aparência do produto, como margarinas, doces e sobremesas
3- Preservação da cor original perdida durante o processamento, como farinha esterilizada, sobremesas e molhos
4- Preservação do olfato e das vitaminas sensíveis à luz
5- Aceitação crescente dos alimentos como estimulantes do apetite
6- Utilização da cor como aditivo nutricional

Atualmente, a maioria dos corantes naturais é produzida através de vários microrganismos, alguns dos quais são mencionados na Tabela 1.
O crescimento anual dos corantes alimentares naturais no mercado industrial situa-se entre 10-15%, o que se deve à consciencialização das pessoas para os efeitos secundários e os perigos dos corantes artificiais. Em países como os Estados Unidos, a Grã-Bretanha, a Alemanha e o Japão, verifica-se uma tendência crescente na utilização de corantes naturais nos alimentos. Uma vez que o preço total dos produtos alimentares com corantes naturais é superior ao dos produtos com corantes artificiais, o seu consumo é mais elevado nos países com rendimentos mais elevados. A União Europeia aprovou 43 substâncias como aditivos corantes naturais, das quais 30 substâncias são utilizadas nos Estados Unidos (Rymbai et al., 2011).

**Tabela 1. Exemplos de corantes naturais produzidos por microrganismos (Hosseini et al, 2013)**

| Corantes utilizáveis em alimentos | Fonte principal | Principal fonte biotecnológica | Método de produção à escala industrial |
|---|---|---|---|
| Astaxantina | Microalgas | **Fungos:** Xanthophyllomyces dendrorhous<br>**Microalgas**: Haematococcus lacustris<br>Haematococcus fluviatilis | Fermentação e processos biológicos |
| Beta-caroteno | Cenoura, óleo de palma | **Fungos:** Blakeslea trispora<br>Fitomicetos<br>**Microalgas:** Dunaliella salina<br>Dunaliella bardwil | Fermentação e processos biológicos |
| Licopeno | Tomates | **Fungos**: Fusarium sporotrichioides<br>**Bactérias**: Erwinia uredovors | Fermentação e processos biológicos |
| Riboflavina | Leite | **Bolor**: Ashbya gossypii, Eremothecium ashbyii<br>**Leveduras**: Candida gulliermunii, Derbaryomyces subglobosus<br>**Bactérias**: Clostridium acetobutylicum | Fermentação e processos biológicos |

## A utilização de corantes biológicos nos sectores alimentar e farmacêutico

### Conservantes alimentares

A maioria dos corantes naturais tem atividade antimicrobiana e reduz o crescimento de bactérias, vírus e fungos, atrasando o processo de deterioração. Alguns deles também têm efeitos letais contra pragas e insectos. Os carotenóides estão entre os corantes que reduzem a população de fungos que produzem aflatoxinas (Norton, 1997).

### Indicadores de controlo de qualidade

Algumas cores naturais são utilizadas como substâncias indicadoras para avaliar a qualidade dos materiais alimentares, sendo as mais importantes as antocianinas e a pelargonidina, que são utilizadas para distinguir entre compotas saudáveis e falsificadas feitas de cerejas e morangos (Chattopadhyay et al., 2008; Barberan, 1997).

### Aditivos alimentares

Os corantes naturais, devido aos seus compostos bioactivos, têm potencial para serem utilizados na formulação de produtos alimentares, farmacêuticos e de saúde. Por exemplo, os carotenóides, como o beta-caroteno, são utilizados como aditivos vitamínicos, e o beta-caroteno actua como precursor da vitamina A em vários produtos alimentares (Filimon, 2010).

### Propriedades terapêuticas

Os corantes naturais contêm compostos biológicos que lhes conferem propriedades antioxidantes, antimutagénicas, anti-inflamatórias e anticancerígenas. A maior parte dos pigmentos naturais, como os carotenóides, o licopeno, a luteína, a zeaxantina e as antocianinas, têm propriedades antioxidantes (Nagaraj et al., 2000; Saleem et al., 2004).

### Importância das microalgas e dos seus pigmentos na indústria alimentar

As microalgas, enquanto grupo diversificado de microrganismos, são constituídas por 30.000 espécies dispersas em vários ambientes. Embora as algas sejam muito diversas, apenas algumas podem ser cultivadas e colhidas. Estes organismos são capazes de converter a luz solar em biomassa de algas através da fotossíntese. As algas, devido aos seus compostos bioactivos, tais como vários pigmentos e carotenóides, como a astaxantina, a luteína, a cantaxantina (atividade antioxidante, reforço do sistema imunitário e efeitos anticancerígenos), ácidos gordos, incluindo o ácido eicosapentaenóico (EPA), oleico, linoleico, palmítico e ácido docosahexaenóico (DHA) (redutor de doenças cardíacas, antioxidante, atividade antimicrobiana), proteínas como as ficobiliproteínas (reforço do sistema imunitário, atividade anticancerígena, anticancerígena, efeitos protectores do fígado, propriedades anti-inflamatórias e antioxidantes), polissacáridos como os polissacáridos sulfatados e as fibras insolúveis (antivirais, antitumorais, anticoagulantes, redutores do colesterol e do LDL), vitaminas e tocoferóis (propriedades antioxidantes) e compostos fenólicos e flavonóides (propriedades antioxidantes e antimicrobianas), são importantes e utilizados em vários produtos alimentares e formulações de produtos biológicos (Lee et al., 2013; Chu, 2012; Pradhan et al., 2014; El-Baz et al., 2013; Muthulakshmi et al., 2012). Algumas das algas biologicamente mais importantes que são utilizadas em várias indústrias incluem Chlorella vulgaris, Haematococcus pluvialis, Dunaliella salina e Spirulina platensis, que têm valor nutricional. As algas são classificadas em grupos com base nos seus pigmentos específicos: Chlorophyceae (pigmentos verdes), Rhodophyceae (produtoras de pigmentos vermelhos), Cyanophyceae (pigmentos azul-esverdeados) e Phaeophyceae (pigmentos castanhos). Os principais pigmentos das algas utilizados nas indústrias alimentar, farmacêutica e cosmética incluem a clorofila a, b e c, o beta-caroteno, a ficocianina, a zeaxantina e a ficovaritina. A produção de moléculas e pigmentos bioactivos é variável, dependendo da espécie e da fisiologia das algas, da população inicial, da fase de crescimento e das condições ambientais, como a temperatura, a luz, o pH, os sais minerais e a concentração inicial de dióxido de carbono. Por conseguinte, as microalgas são capazes de sintetizar, metabolizar, armazenar e segregar uma vasta gama de metabolitos primários e secundários que podem ser utilizados nas indústrias alimentar, farmacêutica e cosmética e da saúde. Os quadros 2 e 3 apresentam uma comparação do valor nutricional das microalgas com outros produtos alimentares e a sua utilização em várias indústrias (Dufosse et al., 2005; Gouveia et al., 2008).

**Tabela 2. Comparação do valor nutricional de algumas microalgas com outras fontes alimentares (Dufosse et al., 2005; Gouveia et al., 2008).**

| tipo de alimento ou algas | proteína (%) | hidratos de carbono (%) | gordura (%) |
|---|---|---|---|
| anos de padeiro | 39 | 38 | 1 |
| Carne de vaca | 43 | 1 | 34 |
| ovo | 47 | 4 | 41 |
| Leite | 26 | 38 | 28 |
| Arroz | 8 | 77 | 2 |
| Soja | 37 | 30 | 20 |
| *Anabaena cilíndrica* | 43-56 | 25-30 | 4-7 |
| *Chaetoceros calcitrans* | 36 | 37 | 15 |
| *Chlamydomonas rheinhardii* | 48 | 17 | 21 |
| *Chlorella pyrenoidosa* | 57 | 26 | 2 |
| *Chlorella vulgaris* | 51-58 | 12-17 | 14-22 |
| *Diacronema vlkianum* | 57 | 32 | 6 |
| *Dunaliella salina* | 39-61 | 14-18 | 14-20 |
| *Euglena gracilis* | 10 | 40 | 41 |
| *Haematococcus pluvialis* | 48 | 27 | 15 |
| *Anabaena cilíndrica* | 50-56 | 10-17 | 12-14 |
| *Chaetoceros calcitrans* | 8-18 | 21-52 | 16-40 |
| *Chlamydomonas rheinhardii* | 6-20 | 33-64 | 11-21 |
| *Chlorella pyrenoidosa* | 60-71 | 13-16 | 6-7 |
| *Chlorella vulgaris* | 45 | 21 | [illegible] |
| *Diacronema vlkianum* | 46-63 | 8-14 | 4-9 |
| *Dunaliella salina* | 63 | 15 | 11 |

**Tabela 3. Aplicação de microalgas em diferentes indústrias (Dufosse et al., 2005).**

| Alimentação | produtos comerciais | produtos farmacêuticos | corantes |
|---|---|---|---|
| Como ingrediente alimentar, utilização em formulações para produzir alimentos úteis, como aditivo natural, emulsionante, espessante, adoçante. | Utilização como combustível ou biodiesel, absorvente biológico, produtor de enzimas | como antibiótico, agente antimicrobiano, agente de diagnóstico, preparação de cápsulas moles e duras, aglutinante, espessante | Utilização em alimentos (gelados, geleias, doces, sumos), em cosméticos (na formulação de cremes e loções) e em produtos farmacêuticos. |

Três grupos de pigmentos de algas que são mais importantes e úteis incluem a ficocianina da Spirulina, o beta-caroteno da Donanilla e a astaxantina do Haematococcus (Figura 1).

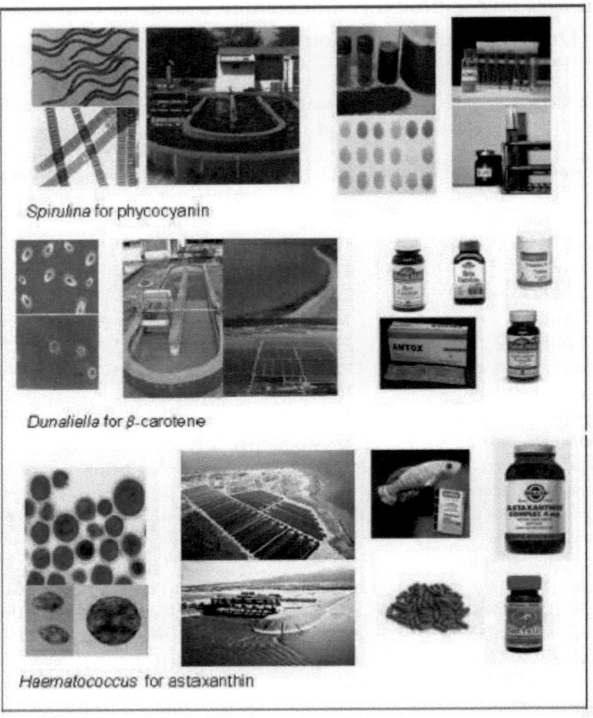


**Figura 1. Um diagrama da cultura de algas indicadoras e da sua utilização como pigmentos naturais**

## Beta-caroteno

A microalga Dunaliella salina é uma das espécies mais importantes utilizadas comercialmente para a produção de beta-caroteno. A exposição excessiva à luz leva à acumulação do pigmento beta-caroteno nesta alga. A Dunaliella é rica em ácidos gordos essenciais e é considerada segura para consumo, sendo diretamente utilizada como ingrediente alimentar (Generally Recognized As Safe) (Holkem et al., 2016; Kleinegris et al., 2011). O beta-caroteno, como pigmento natural, é utilizado em vários produtos alimentares e bebidas para melhorar a sua aparência, incluindo margarinas, sumos de fruta, produtos lácteos, produtos enlatados, produtos de confeitaria e especiarias (Jassoyer et al., 2011).

## Astaxantina

Haematococcus pluvialis, uma espécie do género Haematococcus, é uma alga verde que acumula o pigmento astaxantina na sua massa celular durante a fase de crescimento. A astaxantina representa 0,2% a 2% do peso seco da alga. A astaxantina tem uma vasta gama de aplicações nos sectores alimentar, farmacêutico, pecuário e da aquacultura e foi aprovada pela Food and Drug Administration para utilização em produtos alimentares. As suas vantagens em relação a outros pigmentos carotenóides incluem uma maior estabilidade, uma atividade antioxidante muito elevada (até 500 vezes mais do que o alfa-tocoferol) e uma coloração intensa. A astaxantina é utilizada como corante em alimentos para peixes e tem efeitos positivos nos tecidos dos peixes, com níveis de utilização recomendados entre 100-25 mg/kg de alimento. O mercado da astaxantina na aquacultura foi de aproximadamente 49 milhões de dólares em 2010 (Capelli & Cysewski, 2013; Higuera Siapara et al., 2006).

## Spirulina

### Características exclusivas

A Spirulina, sendo um membro das cianobactérias ou algas verde-azuladas, tem sido uma forma de vida essencial durante milhares de milhões de anos. As duas espécies predominantes de Spirulina são a Spirulina platensis e a Spirulina maxima. Microscopicamente, a Spirulina é multicelular e filamentosa, com comprimentos que variam de 0,5 a 1 milímetro em condições favoráveis. O diâmetro das células é de 1-3 microns nas células mais pequenas e de 3-12 microns nas espécies maiores. O crescimento ótimo desta alga ocorre num intervalo de pH de 8,3-11 e a temperaturas superiores a 20 °C (Lupatini et al., 2016; Finamore et al., 2017; Habib et al., 2008; Preze, 2007). Atualmente, a produção comercial de Spirulina é levada a cabo no México, Taiwan, Tailândia, Estados Unidos, Índia, Itália e Japão, e o seu produto seco tem várias aplicações. A produção de Spirulina em grande escala é feita em sistemas abertos, sistemas de tubos de circuito fechado e fotobiorreactores cilíndricos. Cada um destes métodos tem vantagens e desvantagens específicas (Gami et al., 2011).

## Valor nutricional

A Spirulina sempre foi de interesse para as indústrias alimentares devido ao seu elevado valor nutricional e às suas várias finalidades, tais como antioxidante, antimicrobiana, produção de substâncias bioactivas, enriquecimento proteico e mudança de cor desejável em vários produtos alimentares. Outras vantagens desta alga incluem alta digestibilidade e conteúdo energético, baixo teor calórico e de gordura, e estrutura sem glúten (Saranraj & Sivasakthi, 2014; Nuhu, 2013; Shabana & Arabi, 2012; FAO, 2008; Ravi & Dee, 2010). O teor proteico da Spirulina varia entre 55-70% da matéria seca, o que é superior ao das proteínas vegetais como a soja (44%). Todos os aminoácidos essenciais estão presentes na Spirulina, e alguns aminoácidos essenciais como a lisina e aminoácidos contendo enxofre como a cisteína e a metionina encontram-se na sua estrutura proteica (Tabelas 4 e 5) (FAO, 2008; Capelli & Cysewski, 2010; Gouveia et al., 2008).

**Tabela 4. Quantidades de aminoácidos essenciais em 100 g de massa seca da microalga Spirulina**

| Tipo de aminoácido | quantidade (g/ 100 g de massa seca) |
|---|---|
| Histidina | 0.5-1.5 |
| isoleucina | 3-4 |
| Lucien | 3-5 |
| lisina | 3-6 |
| deve | 1-6 |
| Fenilalanina | 2.5-3.5 |
| treonina | 1.5-3 |
| Triptofano | 1-2 |
| Alanina | 1-3.5 |

**Tabela 5. Quantidades de aminoácidos não essenciais em 100 g de massa seca de microalgas spirulina**

| Tipo de aminoácido | quantidade (g/ 100 g de massa seca) |
|---|---|

| | |
|---|---|
| Alanina | 4-5 |
| Arginina | 3-5 |
| Ácido aspártico | 1.5-3 |
| cistina | 0.5-0.75 |
| Ácido glutâmico | 6-9 |
| glicina | 2-4 |
| Prolina | 2-3 |
| Serin | 3-4.5 |
| Tirosina | 1-3 |

A quantidade de gordura na spirulina situa-se entre 5,6-7% do peso seco e é rica em ácidos gordos ómega 6, mas, apesar disso, a quantidade de ómega 3 é menor. Um dos ácidos gordos essenciais presentes nesta alga é o ácido gama-linolénico, que é o precursor de alguns factores envolvidos no sistema imunitário e inflamatório, como as prostaglandinas e os leucotrienos (Tabela 6) (FAO, 2008; Falquet, 2007; Capelli et al. Cysewski, 2010; Gouveia et al., 2008).

**Tabela 6. Quantidades de ácidos gordos em 100 g de massa seca de microalgas spirulina**

| Tipo de aminoácido | quantidade (g/ 100 g de massa seca) |
|---|---|
| Ácido mirístico | 0.05-0.1 |
| Ácido palmítico | 1-2 |
| Ácido esteárico | 0.1-0.2 |
| Ácido oleico | 0.1-0.2 |
| Ácido linoleico | 0.5-0.9 |
| Ácido gama-linoleico | 1-1.5 |
| Ácido alfa-linoleico | muito pouco |
| Ácido esteariđónico | muito pouco |
| Ácido eicosapentaenóico | muito pouco |
| Ácido docosahexaenóico | muito pouco |

A quantidade de hidratos de carbono na spirulina situa-se entre 15-25%. Os hidratos de carbono nas algas estão na forma de polímeros e são principalmente glicose amina, ramnosamina e glicogénio (Tabela 7) (FAO, 2008; Falquet, 2007; Capelli e Cysewski, 2010; Gouveia et al., 2008).

**Tabela 7. Quantidades de hidratos de carbono em 100 9 de massa seca de microalgas spirulina**

| Tipo de hidratos de carbono | quantidade (g/ 100 g de massa seca) |
|---|---|
| Glucosamina | 1.9 |
| Ramnoseamina | 9.7 |
| Glicogénio | 0.5 |
| Glicose | muito pouco |
| frutose | muito pouco |
| Inositol | 0.085 |
| Açúcares | muito pouco |
| Glicerol | muito pouco |
| Manitol | muito pouco |
| Sorbitol | muito pouco |

A quantidade de ácido nucleico da spirulina situa-se entre 4,2-6% do peso seco (Falquet, 2007).

A massa seca da spirulina contém 50-190 mg/kg de vitamina E. Esta vitamina reforça as propriedades antioxidantes das algas. Além disso, a spirulina contém vitaminas solúveis em água (a vitamina C é muito baixa) e as quantidades disponíveis são superiores à ingestão diária em adultos (Quadro 8) (Falquet, 2007).

**Tabela 8. Quantidades de vitaminas em 100 g de massa seca de microalgas spirulina**

| Tipo de vitamina | (quantidade (g/ 100 g de massa seca |
|---|---|
| Provitamina A (beta-caroteno) | 140 |
| Vitamina E | 50-190 |
| Vitamina K | 2.2 |
| Vitamina B1 (tiamina) | 2.5-5 |
| Vitamina B2 (riboflavina) | 4-7 |
| Vitamina B3 (niacina) | 3-6 |
| Vitamina B5 (ácido pantoténico) | 0.1 |
| Vitamina B7 (Biotina) | 0.005 |
| Vitamina B9 (ácido fólico) | 0.05-0.3 |
| Vitamina B12 (cobalamina) | 0.05-0.2 |
| Vitamina C | muito pouco |

A quantidade de sais minerais na spirulina é superior às necessidades diárias e alguns deles, como o potássio, o sódio, o cálcio, o fósforo e o magnésio, são superiores a outros elementos minerais (Quadro 9) (Falquet, 2007).

**Tabela 9. Quantidades de sais minerais em 100 g de massa seca de microalgas spirulina**

| Tipo de sais minerais | quantidade (mg/ 100 g de massa seca) |
|---|---|
| Cálcio | 300-500 |
| fósforo | 800-1000 |
| magnésio | 400-800 |
| ferro | 60-80 |
| sódio | 500-800 |
| potássio | 1300-1650 |
| Roy | 2-4 |
| cobre | 1-2 |
| Manganês | 1-3 |
| Cromado | 0.2-0.5 |
| Selénio | 0.05-2 |

A espirulina tem diferentes pigmentos na sua estrutura celular, sendo a maior percentagem de ficocianina e clorofila (Quadro 10).

**Tabela 10. Quantidades de pigmentos em 100 g de massa seca de microalgas spirulina**

| Tipo de pigmento | | quantidade (mg/ 100 g de massa seca) |
|---|---|---|
| Ficocianina | | 15000-19000 |
| Carotenoide total | | 400-500 |
| Caroteno | Alfa-caroteno | 150-260 |
| | beta-caroteno | muito pouco |
| Xantofilas | Criptoxantina | 55.6 |
| | Akinnon | 44 |
| | Zexantina | 31.6 |
| | luteína | 29 |
| Clorofila | | 1300-1700 |

## Aplicação na indústria alimentar

Na produção de alimentos úteis são utilizados vários aditivos que melhoram a qualidade dos alimentos. A Spirulina não só pode ser utilizada como uma proteína unicelular, como é rica em proteínas e pode ser utilizada como um alimento completo e benéfico. A espirulina é utilizada como alimento saudável sob a forma de comprimidos, cápsulas e bebidas. Esta microalga é utilizada como suplemento de proteína microbiana numa variedade de alimentos, incluindo produtos lácteos, massas, bolos e biscoitos. Efeitos antioxidantes, alterações reológicas óptimas, manutenção da consistência e da humidade são os resultados da utilização desta alga em todos os tipos de alimentos. Por outro lado, a utilização desta alga provoca uma cor nova e estável nos alimentos. É difícil para os adultos aceitarem a spirulina como aditivo, o que se deve a crenças tradicionais, mas apesar disso, a spirulina é facilmente aceite nas crianças devido ao seu interesse por vários alimentos de qualidade (Agustini et al., 2017; Hosseini et al., 2017). A spirulina é adicionada a várias bebidas, como o leitelho e o chá verde, para aumentar o seu valor nutricional. Para manter a cor clara e a uniformidade destas bebidas, a Spirulina é adicionada sob a forma de extrato ou ficocianina. O chá verde é muito rico em vitamina C, enquanto a Spirulina e a Chlorella contêm quantidades insignificantes desta vitamina. No entanto, a Spirulina e a Chlorella são ricas em proteínas, clorofila, carotenóides, ácidos gordos polinsaturados e oligoelementos que faltam nas algas acima referidas. Por conseguinte, uma mistura de chá e microalgas contém compostos nutricionais completos (Mei e Zao, 1997; Danesi et al, 2010). A spirulina em pó é adicionada a produtos de farinha para aumentar o seu valor nutricional. O produto final contém maiores quantidades de vitaminas, minerais e compostos bioactivos. As microalgas ajudam a preservar mais água no pão e aumentam o seu prazo de validade. Entre os produtos de farinha processados, a maior utilização de Spirulina foi registada no macarrão. A adição de uma mistura de Chlorella e Spirulina ao macarrão não só melhora as suas propriedades nutricionais e organolépticas (cor, aroma e sabor), como também aumenta a sua mastigabilidade. Para produzir macarrão com a cor da alga Spirulina, é necessário 1% desta alga (Guarda et al., 2004; Jain, 2000; Gouveia et al., 2008). Os biscoitos estão entre os produtos de farinha que são populares devido ao seu sabor, aparência, aroma, facilidade de preparação e armazenamento. O uso de Spirulina em biscoitos leva à produção de alimentos com cores diferentes e, além disso, aumenta as propriedades funcionais, como as propriedades antioxidantes. O enriquecimento de bolachas com 1-5% de Spirulina melhora as suas propriedades nutricionais e sensoriais (Gouveia et al., 2006; Salehifar et al., 2013). O chocolate de spirulina é preparado usando grânulos de açúcar, pectina, spirulina em pó, amêndoas e ágar-ágar. A adição de Spirulina maxima numa proporção de 0,1-1 % em sobremesas de gel vegetal leva à produção de novos produtos ricos em ácidos gordos polinsaturados (Danesi et al., 2010; Christaki et al., 2012; Gouveia et al., 2008b). Foram realizados vários estudos de investigação, tais como a investigação do efeito da Spirulina no crescimento e na produção de ácido

pelas bactérias Lactococcus e Lactobacillus no leite, o impacto na flora microbiana do iogurte e do leite contendo Lactobacillus acidophilus, o efeito sobre as culturas iniciais no iogurte e Bifidobacterium, a influência sobre Lactobacillus casei, Lactobacillus acidophilus e Streptococcus thermophilus no meio de cultura, a influência no crescimento de bactérias do ácido lático no leite, o efeito da Chlorella e da Spirulina em pó na viabilidade dos probióticos e nas características bioquímicas do iogurte, e o impacto da Spirulina nas propriedades físico-químicas e sensoriais do iogurte probiótico. A Spirulina é utilizada como aditivo para enriquecer vários produtos lácteos, tais como leite, iogurte, queijo, etc., com o objetivo de aumentar os níveis de ácidos gordos polinsaturados. O crescimento, a produção de ácido e a sobrevivência dos probióticos iniciadores de produtos lácteos durante a preparação e subsequente refrigeração são melhorados pela adição de 0,3 % de biomassa seca de Spirulina platensis. Estudos demonstraram que a Spirulina tem efeitos estimulantes e protectores sobre as bactérias Bifidobacterium no leite, enquanto os produtos preparados tradicionalmente não promovem o crescimento desta bactéria de forma significativa (Mazinani et al., 2014; Varga et al., 2012a; Guldas & Irkin, 2010; Akalin et al., 2009; Bhowmik et al., 2009; ] Preze et al., 2007; Henrikson, 2011; Varga et al., 2012b).
Em 2006, o governo britânico proibiu a utilização de corantes químicos na indústria alimentar, nomeadamente na produção de smarties, invocando a natureza química das substâncias utilizadas e a ocorrência de efeitos secundários na saúde das crianças. Estabeleceram leis que exigiam a utilização de corantes naturais em substituição dos corantes químicos e, como resultado, em fevereiro de 2008, foram produzidos e introduzidos no mercado smarties azuis contendo o pigmento ficocianina (Wikipedia, 2012). A espirulina tem sido utilizada como aditivo no iogurte, e os seus efeitos nas propriedades físicas, sensoriais e reológicas foram avaliados em diferentes concentrações. O iogurte enriquecido com espirulina tem um teor mais elevado de proteínas totais e demonstrou uma maior estabilidade da cor em comparação com a amostra de controlo. Os resultados dos estudos indicam que o iogurte enriquecido com espirulina tem melhor qualidade e propriedades reológicas e, ao reduzir a flora de fungos e leveduras, aumenta sua vida útil (Khosravidaraie et al., 2017).

### Aplicação na ciência médica

Os efeitos anti-cancerígenos da Spirulina foram investigados em vários estudos. Esta alga inibe o processo de carcinogénese e/ou inativa alguns fatores antes do aparecimento do cancro. Alguns investigadores relataram que a Spirulina inibe o crescimento de tumores na mucosa oral de hamsters através da reparação do ADN danificado. A reparação do ADN danificado é efectuada por endonucleases, que são estimuladas pelos polissacáridos presentes na Spirulina (O'Shaughnessy et al., 2002; Grawish, 2008). Devido aos efeitos secundários dos medicamentos de natureza química, os investigadores procuram medicamentos biológicos com menos efeitos secundários. Os compostos derivados de microalgas, tal como outros parâmetros biológicos, são biodegradáveis e aceitáveis do ponto de vista ambiental. A Spirulina é capaz de produzir metabolitos extracelulares e intracelulares (antibióticos, compostos funcionais, nutrientes activos) com propriedades antibacterianas, antifúngicas, antivirais, antialgas, estimulantes, inibidoras de enzimas e citotóxicas. O efeito antiviral da Spirulina é atribuído a polissacáridos polissulfatados, concentração de iões de cálcio, sulfolípidos e aloficocianinas, que impedem a replicação da maioria dos vírus, incluindo enterovírus, vírus do herpes, VIH, sarampo e vírus da gripe A (Hayashi et al., a1996; Hayashi et al., b1996). Estudos demonstraram que o extrato de Spirulina (utilizando diferentes solventes) inibe o crescimento de várias bactérias gram-positivas e gram-negativas. O efeito antimicrobiano do extrato metanólico de Spirulina é atribuído ao ácido gama-linolénico (Demule et al., 1996). Mandideh et al (2007) demonstraram que, entre os microrganismos examinados quanto à atividade antimicrobiana da Spirulina, a Candida albicans apresentou a maior sensibilidade, sendo a principal atividade antimicótica atribuída à presença de ácidos gordos na Spirulina. Os metais pesados causam danos em vários tecidos do corpo, um processo que é acelerado por mecanismos de stress oxidativo. Os organismos aeróbicos protegem-se contra este processo produzindo antioxidantes como a glutationa peroxidase, a superóxido dismutase e o óxido nítrico, que o previnem através da inibição dos radicais livres. O efeito protetor da Spirulina contra o stress oxidativo provocado pelo cádmio faz-se indiretamente através do aumento da atividade da glutationa peroxidase e da superóxido dismutase, ou diretamente através da inibição da peroxidação lipídica e da desativação dos radicais livres. Estas propriedades devem-se à elevada concentração de antioxidantes na Spirulina, que por sua vez estimula o óxido nítrico e reforça o sistema antioxidante. (Karadeniz et al., 2009; Simsek et al., 2009). O papel protetor da Spirulina contra o cádmio e o chumbo manifesta-se em alterações no número de linfócitos T, reticulócitos, glóbulos vermelhos e brancos e concentração de hemoglobina. A Spirulina afecta o metabolismo do ferro e da hemoglobina em roedores envenenados com chumbo, cádmio, zinco e mercúrio (Simsek et al., 2009). O extrato de Spirulina aumenta as enzimas antioxidantes como a glutationa peroxidase e a superóxido dismutase. O papel protetor da Spirulina contra os metais está também relacionado com a concentração de parâmetros como as vitaminas E, C, beta-caroteno, enzima superóxido dismutase, selénio e ficocianina (Bermejo et al., 2008; Sharma et al., 2007; Seshadri et al., 1991). A Spirulina facilita a produção de anticorpos e aumenta os macrófagos periféricos e o crescimento das células esplénicas em resposta à Coenzima A. A produção de interleucinas e anticorpos aumenta com a adição de extrato de Spirulina a culturas de células esplénicas. As principais células-alvo da Spirulina são os macrófagos. Nas células mielóides, a Spirulina tem um efeito estimulante na via metabólica da produção de citotoxinas através das células macrofágicas (Hirahashi et al., 2002; Watanuki et al., 2006; Hosseini et al., 2013).

## Aplicação em aquacultura

Foram realizados vários estudos sobre a utilização da Spirulina para aumentar os indicadores de crescimento, reforçar o sistema imunitário e melhorar a qualidade da carne de peixe. Nestes estudos, a Spirulina foi utilizada individualmente ou em combinação com outras algas, tais como Chlorella, Cladophora e Scenedesmus. Nalguns estudos, a Spirulina foi utilizada como substituto proteico de alimentos para peixes (principalmente farinha de peixe) em diferentes proporções (Promya & Kitmanat, 2011; Sirakov et al., 2012).

## Ficocianinas

### Características gerais e estrutura

As cianobactérias e as rodofíceas contêm ficobiliproteínas, que são proteínas chamadas ficobiliproteínas, constituídas por cadeias de apoproteínas ligadas covalentemente a ficobilinas. Estas proteínas são cromóforos tetrapirrólicos de cadeia aberta. Os ficobilissomas, que incluem um conjunto de ficobiliproteínas, são grandes massas moleculares localizadas na membrana externa dos tilacóides que podem ser observadas com um microscópio eletrónico como camadas finas. Os ficobilissomas contêm um núcleo central de ficocianina, alofiocianina e ficoeritrina, que estão dispostos uns sobre os outros e formam estruturas em forma de bastonete, de acordo com a figura 2. O papel principal das ficobiliproteínas é absorver ondas de luz específicas para a fotossíntese em vários comprimentos de onda (620, 650 e 540 nm para a ficocianina, a alofiocianina e a ficoeritrina, respetivamente) (Eriksen, 2008; Yu et al., 2017).

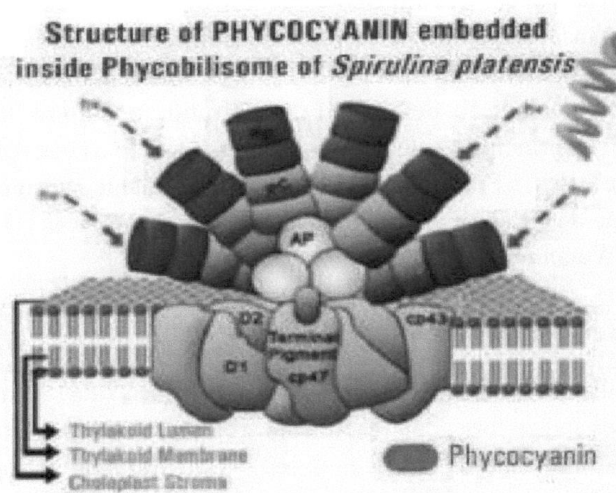


**Figura 2. Estrutura molecular dos pigmentos do ficobilissoma e da Spirulina platensis**

A ficocianina, o pigmento azul, é um recetor de luz com propriedades antioxidantes e fluorescência em cianobactérias, algas vermelhas e criptófitas. Este pigmento confere às cianobactérias a sua cor azul e é por isso conhecido como algas azuis-verdes (Figura 3). A estrutura molecular da ficocianina é semelhante à da bilirrubina (Figura 4). A bilirrubina inibe as alterações oxidativas das proteínas plasmáticas e dos aminoácidos aromáticos. Esta proteína inibe os radicais livres de oxigénio e contribui para a manutenção da albumina sérica. Por conseguinte, devido à semelhança entre a ficocianina e a bilirrubina, parece que esta proteína tem uma elevada atividade antioxidante (Yu et al., 2017; Saranraj e Sivasakthi, 2014; Patel et al., 2006).

**Figura 3. Amostras de ficocianina em pó e líquida**

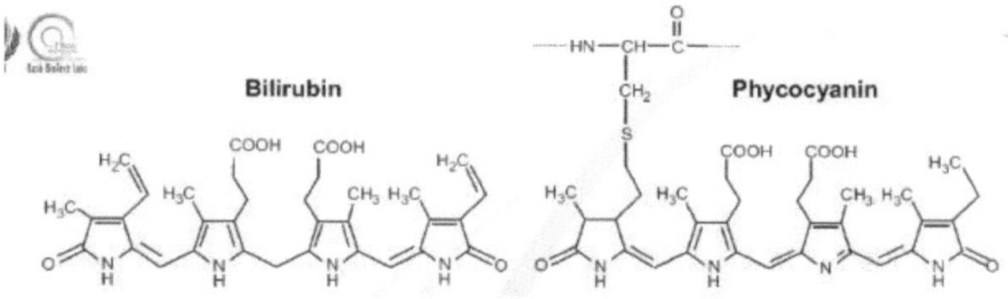

**Figura 4. Fórmula química da ficocianina e da bilirrubina**

A ficocianina é composta por duas subunidades relativamente semelhantes, α e β, sendo a cadeia α constituída por uma ficocianobilina ligada à cisteína 89 e a cadeia β constituída por duas ficocianobilinas ligadas às cisteínas 84 e 155 (Figura 5). Estas duas subunidades formam monómeros αβ, trímeros α3β3 e hexâmeros α6β6. Este pigmento existe em várias formas, incluindo trímero, hexâmero e dodecâmero, que diferem com base no pH, na força iónica do ambiente, na concentração de proteínas e na fonte de algas pretendida. Além disso, a forma inicial da ficocianina afecta o seu peso molecular e a intensidade de absorção da luz.

O produto em pó é azul, não tóxico, inodoro, ligeiramente doce e apresenta uma fluorescência brilhante quando dissolvido em água. A estabilidade da ficocianina depende da fonte, do pH, da temperatura, da luz e de alguns factores externos. Este pigmento é estável a pH 4,5-5,4 e a uma temperatura de 45 °C, mas a sua resistência à luz fraca é baixa. A ligeira diferença na composição de aminoácidos da ficocianina afecta a sua estabilidade e propriedades estruturais. As ficocianinas extraídas de espécies termofílicas têm maior estabilidade em comparação com as espécies mesofílicas. Factores estabilizadores como a glucose e os sais de sódio aumentam o prazo de validade deste pigmento (Apt, 1995; Hu et al., 2016). A ficocianina, juntamente com outras ficobiliproteínas, tem amplas aplicações na indústria alimentar, na indústria cosmética e de cuidados pessoais, na biotecnologia, no diagnóstico de doenças e no tratamento. A ficocianina foi comercializada pela primeira vez por uma empresa japonesa com o nome de Blue Lina e é atualmente utilizada como pigmento natural em produtos alimentares como gomas, chocolates, produtos lácteos, géis, gelados, bebidas, bem como em produtos cosméticos como protectores solares e cremes para os olhos em países como a China e o Japão. O preço de um mg de ficocianina foi registado como sendo de 2,5 dólares em 2012 (Safari et al., 2018; Kuddus et al., 2013).

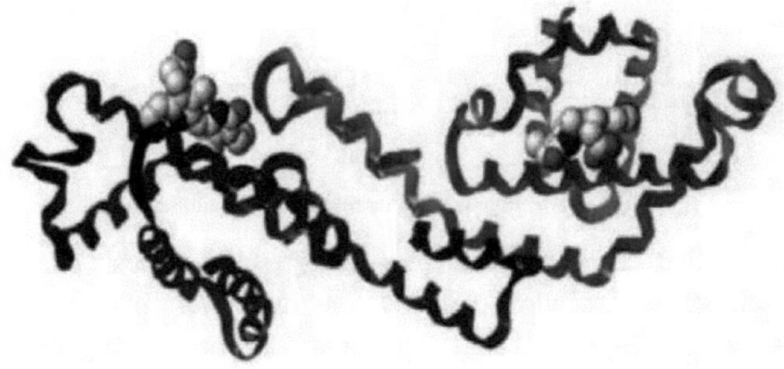

**Figura 5. Estrutura espacial da ficocianina**

## Métodos de produção de ficocianina

A ficocianina é produzida comercialmente pela Spirulina platensis, sob a forma de culturas fotoautotróficas, em ambientes abertos, como grandes lagos ou piscinas semi-tropicais ou tropicais na periferia dos oceanos. A eficiência da produção de biomassa é determinada pelo fornecimento de luz adequada. A Spirulina platensis também é capaz de crescer em culturas mixotróficas. A taxa de crescimento específico das culturas mixotróficas é igual à das culturas autotróficas e heterotróficas combinadas. A Spirulina platensis também pode crescer em condições heterotróficas, mas devido à baixa taxa de crescimento específico e ao teor de ficocianina nessas culturas, a sua produção utilizando este método não é viável. Atualmente, a produção de ficocianina de forma heterotrófica é realizada utilizando a espécie Galdieria sulphuraria. Este microrganismo unicelular é uma opção adequada para a produção de ficocianina de forma heterotrófica. O seu habitat natural são as águas quentes e ácidas, com um crescimento ótimo a temperaturas superiores a 40 °C. Embora o teor de ficocianina celular deste microrganismo seja significativamente inferior ao da Spirulina platensis, pode produzir cerca de dez vezes mais ficocianina, produzindo uma biomassa de 50 g/l por dia. Recentemente, a produção de ficocianina recombinante também ganhou atenção como uma opção adequada para a produção heterotrófica de ficocianina (Pulz & Gross, 2004; Graverholt & Erikse, 2007) .

## Métodos de extração

São utilizados vários métodos para extrair compostos activos (compostos proteicos e polissacáridos) de fontes vegetais. Um método de extração de proteínas de macro e microalgas é a extração enzimática. Estes organismos contêm vários compostos polissacáridos nas suas paredes, tais como celulose, alginatos, carragenina, ágar-ágar, amido, glucanos, entre outros. As enzimas com natureza polissacarídica, como a lisozima, a celulase, a glucanase, a agarase, a galactase e a xilanase, hidrolisam ou decompõem os compostos polissacarídicos, levando à destruição da parede celular ou da membrana citoplasmática e libertando compostos intracelulares, como as proteínas. Além disso, a atividade enzimática resulta na hidrólise de polissacarídeos ligados a proteínas, aumentando a eficiência da extração de proteínas (Bleakley & Hayes, 2017; Harnedy & FitzGerald, 2013; Joubert & Fleurence, 2008; Fleurence et al., 1995). Ultrasonication, ou sonicação, é um dos métodos modernos para extrair ingredientes ativos e proteínas, e tem uma ampla gama de aplicações em extração, análise, emulsificação e muito mais. O principal mecanismo de extração com ondas ultra-sónicas está relacionado com o fenómeno da cavitação. Quando uma onda sonora passa através de um meio elástico, provoca o deslocamento longitudinal das partículas, actuando como um pistão na superfície do meio e resultando numa sequência de fases de contração e expansão. As moléculas são temporariamente separadas das suas posições originais e passam como ondas sonoras que podem interagir com as moléculas circundantes. Subsequentemente, durante a fase de expansão, o primeiro grupo de moléculas é puxado de volta para a sua posição original e a energia cinética impele-as ainda mais para trás. Assim, são criadas zonas de expansão no meio e, quando a distância molecular excede um ponto crítico, as interacções moleculares são quebradas e formam-se espaços vazios no líquido. Os vazios criados no meio são bolhas de cavitação devido à ultra-sons, que são capazes de crescer durante as fases de expansão e encolher nos ciclos de contração. Quando o tamanho destas bolhas atinge um ponto crítico, entram em colapso durante o ciclo de contração e é libertada uma quantidade significativa de energia. Estima-se que a temperatura e a pressão no momento do colapso atinjam 5000 Kelvin e 5000 atmosferas num banho de ultra-sons à temperatura ambiente. A criação destes pontos quentes pode acelerar significativamente as reacções químicas no meio. Quando estas bolhas colapsam na superfície de materiais sólidos, a elevada pressão e temperatura libertadas geram diretamente microjactos e ondas de choque na superfície sólida. O impacto destes microjactos na superfície provoca abrasão, fratura e destruição. As ondas de ultra-sons melhoram o processo de extração de compostos vegetais, como o inchaço dos tecidos para absorver solventes e a libertação de compostos dos tecidos, criando porosidade e vias nas paredes celulares que facilitam e aceleram a transferência de massa. Ao contrário dos métodos tradicionais, as ondas de ultra-sons quebram rapidamente as paredes celulares, permitindo que

os extractos de plantas penetrem através das paredes celulares. As características das plantas, como o teor de humidade, o tamanho das partículas e o tipo de solvente utilizado, são importantes para uma extração eficaz e eficiente. Além disso, factores como a frequência, a pressão, a temperatura e o tempo influenciam a função das ondas de ultra-sons (McClement, 1995; Shotipruk & Kaufman, 2001).
Em vários estudos, o método de ultra-sons, juntamente com outros métodos, tais como Soxhlet, micro-ondas, e homogeneização têm sido utilizados para a extração de pigmentos de plantas e compostos bioactivos individualmente e em combinação. Os resultados indicam que o método de ultra-sons em combinação com um solvente tem uma maior eficiência em comparação com outros métodos (Rostango et al., 2003; Ying et al., 2011; Zhu et al., 2002). Janczyk et al (2005) relataram que os ultra-sons aumentam a extração de proteínas das algas Chlorella vulgaris e Sesamum sesamoides e aumentam a eficiência da recuperação de proteínas até 68%. Uma vantagem da extração assistida por ultra-sons é o aumento da polaridade do sistema (incluindo o extrator, os analitos e a matriz) e um aumento da eficiência da extração através da cavitação, que pode ser semelhante ou superior à extração por Soxhlet. Devido à sensibilidade dos pigmentos a temperaturas elevadas, o método de ultra-sons permite a extração a temperaturas mais baixas. A extração assistida por ultra-sons permite a adição de um extrator suplementar e aumenta a polaridade da fase líquida. Os ultra-sons podem reduzir a temperatura operacional, facilitar a extração de compostos sensíveis ao calor e reduzir o tempo de extração em comparação com a extração por Soxhlet. Outra vantagem da extração assistida por ultra-sons em relação à extração assistida por micro-ondas é a sua simplicidade e rapidez, exigindo menos operações e resultando em menos contaminação. Na absorção de ácido, o método por ultra-sons é mais seguro do que o método por micro-ondas, uma vez que não requer temperaturas e pressões elevadas. A extração assistida por ultra-sons requer equipamento mais simples do que a extração com fluido supercrítico. Por conseguinte, o custo global da extração é muito inferior. A extração assistida por ultra-sons pode ser utilizada com uma vasta gama de solventes para a extração de compostos naturais. Por outro lado, a extração com fluido supercrítico utiliza exclusivamente dióxido de carbono para a extração, limitando a sua gama a analitos não polares. Uma

desvantagem da extração assistida por ultra-sons em comparação com a extração por Soxhlet é a não renovação do solvente em sistemas descontínuos durante o processo, tornando a sua eficiência dependente do coeficiente de distribuição. Além disso, a lavagem e a purificação após a extração são demoradas e aumentam o consumo de solvente, aumentando a probabilidade de perda ou contaminação do extrato durante o manuseamento. A extração em Soxhlet é mais reprodutível. Geralmente, a extração assistida por ultra-sons é mais fraca do que a extração assistida por micro-ondas, de tal modo que o envelhecimento da superfície da sonda de ultra-sons pode alterar a eficiência da extração. O método de extração com fluido supercrítico é mais simples e mais rápido do que alguns métodos de ultra-sons baseados em líquidos. Ao contrário de alguns solventes utilizados para ultra-sons, como o ciclo-hexano, o tetra-hidrofurano e misturas binárias como o diclorometano, o CO2 utilizado nos processos supercríticos não é perigoso para o ambiente (Vinatoru, 2001). Um dos métodos físicos mais importantes para a extração de materiais proteicos de macro e microalgas é a homogeneização, o stress e o choque osmótico. Estudos demonstraram que a utilização destes métodos conduz a uma maior extração e recuperação de proteínas de algas como Ulva fasciata, Sargassum vulgare e Porphyra acanthophora, e os resultados indicam uma maior eficiência do choque osmótico em comparação com a ultra-homogeneização (Marrion et al., 2003; Barbarino e Lourenço, 2005; Harnedy e FitzGerald, 2013).

Outro método de extração de materiais proteicos de algas é o campo de impulsos eléctricos. Neste método, a corrente eléctrica aumenta a permeabilidade da parede celular e da membrana citoplasmática, conduzindo a uma electroporação reversível ou irreversível. Este método é utilizado para extrair componentes intracelulares como proteínas, lípidos, hidratos de carbono, carotenóides e clorofila de algas como a Spirulina, Chlorella vulgaris e Nannochloropsis salina (Goettel et al., 2013; Zbinden et al., 2013; Parniakov et al., 2015; Coustets et al., 2013). Para extrair ficocianina, foram utilizados vários métodos, como congelamento e descongelamento, método enzimático, técnica de ultrassom, eletrostática de alta pressão, ultracentrifugação, ultra homogeneização e extração com água e vários solventes, cada um com diferentes vantagens e desvantagens (Prabakaran e Ravindran, 2013;

Sivasankari et al., 2014). A quebra da parede celular e a dissolução das ficobilinas em água, num meio aquoso como o tampão fosfato, leva à sua extração. No método de congelação, são utilizadas temperaturas de 15-25 °C ou azoto líquido para a congelação inicial durante 24 a 48 h, seguindo-se a colocação a temperaturas de 4 e 30 graus para a congelação-descongelação. Foram efectuados vários estudos sobre a comparação destes métodos, as suas vantagens e desvantagens e, em última análise, a eficiência da produção de ficocianina (Abalde et al., 1998; Patil et al., 2008).

## Propriedades terapêuticas da ficocianina

Foram realizados vários estudos sobre os efeitos antioxidantes, anticancerígenos, anti-inflamatórios e as propriedades protectoras em órgãos como o fígado, os rins, o cérebro e o coração.

## Propriedades anticancerígenas

As propriedades anticancerígenas da ficocianina são exercidas através de vários mecanismos, como a inibição da proliferação de células tumorais, a indução da apoptose em células cancerígenas, a promoção da morte celular programada e o exercício de efeitos anti-metastáticos através de várias vias moleculares em diferentes órgãos. Por exemplo, no cancro do cólon, a ficocianina perturba as vias metabólicas PI3K/AKT e JAK3/STAT3; no cancro da mama, diminui o BCI-2, o NF-KB e aumenta os ligandos FAS-TRAIL; no cancro do fígado, interfere com as vias metabólicas AKT e NF-KB; no cancro uterino, aumenta a expressão de FAS; no cancro da próstata, afecta a atividade e a síntese do ADN; no cancro do pulmão, afecta o ciclo celular G0/G1 (Tantirapan & Suwanwong, 2014; Saini et al., 2014; Pan et al., 2015; Gantar et al., 2012; Bingula et al., 2016; Li et al., 2010; Lee et al., 2015).

## Efeitos no sistema imunitário

A ficocianina reforça o sistema imunitário através de mecanismos como:

1- reforçar as células estaminais da medula óssea e favorecer a hematopoiese (glóbulos vermelhos e brancos).

2- Aumento dos níveis de anticorpos A e inibição da produção de anticorpos E.

3- A ficocianina aumenta tipos específicos de células imunitárias cruciais no controlo do cancro, como os linfócitos T citotóxicos e as células assassinas naturais. Estudos têm demonstrado que quando a ficocianina é utilizada como reforço do sistema imunitário em conjunto com a quimioterapia, o aumento destas células melhora o sistema imunitário (Kozlenko & Henson, 1998, Nemoto-Kawamura et al., 2004; Assis et al., 2014).

## Propriedades anti-inflamatórias da ficocianina

A ficocianina apresenta efeitos protectores contra a inflamação através de mecanismos como a perturbação das lisozimas, a produção de nitratos, a produção de prostaglandinas, o NF-KB, o fator de necrose tumoral (TNF-α), os leucotrienos, a ciclo-oxigenase-2, as citocinas, a óxido nítrico sintase induzível (iNOS) e as ROS (espécies reactivas de oxigénio) (Romay et al, 2003; Deng & Chow, 2010; Joventino et al., 2012) (Figura 6).

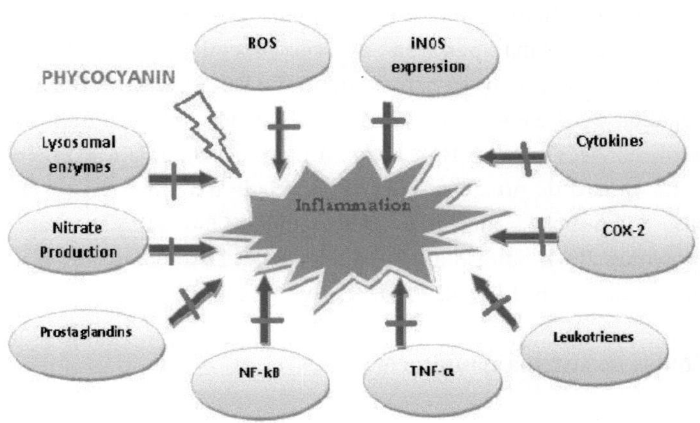


**Figura 6. Mecanismos do efeito da ficocianina na inflamação**

## O impacto da ficocianina na saúde dos sistemas do organismo

A ficocianina exerce os seus efeitos protectores no sistema nervoso, inibindo a agregação plaquetária e prevenindo a morte celular devido à baixa concentração de potássio no soro das células granulares (Penton-Rol et al., 2011; Hisao et al., 2005). Este pigmento protege as células renais ao inibir os radicais livres produzidos através da peroxidação lipídica, preservando-as assim dos cristais de oxalato de cálcio. Os oxalatos afectam os parâmetros de stress oxidativo e realizam esta ação reagindo com os radicais hidroxilo e provocando um desequilíbrio na percentagem de GSH, na catalase e na atividade da G6PD. A ficocianina protege as células renais contra a nefropatia diabética (Zheng et al., 2013; Furuki et al., 2003).

## Propriedades antioxidantes da ficocianina

As características antioxidantes da ficocianina são realizadas através de vários mecanismos. Este pigmento é considerado um agente forte na neutralização dos radicais livres de oxigénio e reage com outros oxidantes que provocam lesões patológicas (HOCl, ONOO-). A inativação dos radicais hidroxilo e alquilo pela ficocianina, demonstrada através do ensaio de quimioluminescência, utiliza o Trolox (um análogo hidrossolúvel da vitamina E) para neutralizar estes radicais. 1,0 milimolar de Trolox, equivalente a 2 micromoles de ficocianina, inibe cerca de 50% da quimiluminescência produzida. A capacidade da ficocianina para inativar os radicais hidroxilo é evidente através da inibição da degradação da 2-desoxirribose. A IC50 (Concentração Inibitória) registada neste sistema, em dois estudos separados, foi de 19 e 28 micromolar. A ficocianina inativa os radicais livres de oxigénio, os radicais hidroxilo, os radicais alquilo, os radicais peroxilo, reduz a peroxidação lipídica, inativa o peroxinitrito e reage com o hipoclorito, exercendo os seus efeitos antioxidantes através destas reações (Sonani et al., 2015; Romay et al., 2003).

## Aplicação da ficocianina na indústria alimentar

A Food and Drug Administration (FDA) nos Estados Unidos, a European Food Safety Authority (EFSA) na Europa e algumas organizações nacionais restringiram a utilização de corantes artificiais em bebidas, vários alimentos e doces devido aos seus efeitos secundários adversos, tais como reacções alérgicas e carcinogenicidade. Por conseguinte, o foco nos corantes naturais tem sido uma prioridade máxima para os investigadores. Entre os corantes naturais, a cor azul tem sido amplamente utilizada nas indústrias de bebidas e de confeitaria, mas devido à baixa estabilidade destes corantes, os corantes artificiais continuam a ser utilizados. A cianobactéria Spirulina platensis, para além da sua aplicação na indústria alimentar, é importante como produtora do pigmento azul que é derivado da ficocianina. O interesse na utilização comercial da ficocianina deve-se à sua natureza proteica e à facilidade dos métodos de extração. Por conseguinte, a utilização da ficocianina para aumentar a segurança alimentar está sempre a ser considerada. Além disso, devido às suas elevadas propriedades antioxidantes, a ficocianina pode ser utilizada como antioxidante natural em vários alimentos gordos, como óleos e peixe, retardando a deterioração química resultante de um aumento do número de peróxidos, do ácido tiobarbitúrico e dos ácidos gordos livres, aumentando assim o prazo de validade dos produtos alimentares (Martelli et al., 2014). Estima-se que o valor comercial da ficocianina se situe entre 10 e 50 mil milhões de dólares por ano. A ficocianina não tem muita aplicação em materiais alimentares que requerem tratamento térmico (cozedura e esterilização) e vários estabilizadores, como açúcares, mel, ácido cítrico, e o revestimento da ficocianina com proteínas, polissacáridos ou lípidos, individualmente ou em combinação, é necessário para aumentar a sua estabilidade térmica (Chaiklahan et al., 2006; Chaiklahan et al., 2012; Jespersen et al, 2005; Mishra et al., 2008). Os estudos que comparam os corantes azuis químicos e a ficocianina em termos de sensibilidade à luz e à temperatura e a sua utilização em vários materiais alimentares, tais como rebuçados de gelatina, como revestimentos para chocolates macios e duros e bebidas simples, mostraram que, embora a ficocianina tenha uma menor estabilidade à luz e à temperatura em soluções laboratoriais em comparação com os corantes azuis normalmente utilizados, como o índigo e a gardénia, quando utilizada nos materiais alimentares mencionados, tem uma maior aceitação, especialmente no caso dos rebuçados de gelatina e dos revestimentos para chocolates macios. A ficocianina apresenta uma estabilidade muito baixa em soluções laboratoriais quando exposta à luz e à temperatura. Para além disso, este pigmento precipita a pH = 3 e desnatura rapidamente a temperaturas superiores a 45 ºC e a níveis de pH de 5 e 7, alterando a sua cor (Jespersen et al., 2005).

**Encapsulamento**

A encapsulação é um dos métodos eficazes para proteger várias substâncias activas, tais como essências, péptidos bioactivos, vários aromas e sabores, bem como corantes naturais. Este processo conduz a: 1) maior durabilidade e longevidade, não afetada por fatores ambientais como pH, luz e oxigénio nos materiais encapsulados 2) libertação controlada de materiais confinados na parede e, consequentemente, um maior impacto na qualidade dos alimentos 3) transporte mais fácil dos materiais encapsulados. As vantagens deste método incluem a preservação da composição dos produtos alimentares durante o armazenamento, a minimização ou prevenção de interacções indesejáveis com outros componentes alimentares, a proteção contra reacções induzidas ou aceleradas pela luz, a proteção contra a oxidação, o aumento do prazo de validade dos compostos (tais como: enzimas, aditivos, sabores, essências, extractos, etc.) e a libertação inteligente. Além disso, o encapsulamento tem um impacto significativo na comercialização de muitos compostos, como vários extractos de plantas. O tipo de processo utilizado para o encapsulamento depende das propriedades físicas e químicas do núcleo e do invólucro, e da sua aplicação em materiais alimentares (Yan et al., 2014; Machado et al., 2014).

Atualmente, podem ser utilizados vários revestimentos para encapsulação, que podem ter estruturas polissacáridas, proteicas ou lipídicas e ser derivados de fontes vegetais, marinhas, animais ou microbianas. Ao selecionar o revestimento, deve prestar-se atenção às propriedades primárias, como a composição química e a estrutura, o peso molecular, bem como às propriedades secundárias, como a solubilidade, o comportamento reológico, a capacidade de formação de película, a qualidade da película, a atividade superficial, a durabilidade e a biodegradabilidade, o ponto de fusão e o ponto de ebulição. No processo de encapsulação, são utilizados vários hidratos de carbono (amido, quitosano, maltodextrinas, xarope de milho, dextrinas, sacarose, ciclodextrinas), celuloses (carboximetilcelulose, metilcelulose, etilcelulose, nitrocelulose, acetato de celulose), gomas (goma arábica, ágar-ágar, alginato de sódio, carragenina, etc.), gorduras (lipossomas), etc.), gorduras (lipossomas, ceras, parafina, cera de abelha, diglicéridos, monoglicéridos, óleos, etc.), proteínas (glúten, caseína, proteína de soro de leite, gelatina, albumina, hemoglobina, péptidos, etc.) e polímeros de qualidade alimentar (polipropileno, acetato de polivinilo, etc.) são normalmente utilizados como material de revestimento ou de transporte. Os revestimentos podem ser utilizados individualmente ou em combinação. Quando se utiliza uma combinação de revestimentos, são frequentemente utilizados polissacáridos, proteínas ou combinações de polissacáridos/proteínas (Gibbs, 1999; Nedovic et al., 2011; Fang e Bandari, 2010; Zuidam e Nedović, 2010).

A maltodextrina, a proteína de soro de leite, o alginato de sódio e o caseinato de sódio estão entre os revestimentos mais importantes utilizados para vários corantes, incluindo antocianinas, flavonóides e corantes solúveis em água. A maltodextrina, um derivado do amido, é obtida a partir de várias fontes de amido, como a batata, o milho e o trigo. Devido à sua elevada solubilidade em água e à ausência de odor e cor fortes, é um dos polissacáridos mais importantes para o encapsulamento, mas a sua capacidade emulsionante e estabilidade da emulsão são fracas. A proteína mais comummente utilizada para o encapsulamento de alimentos através da secagem por pulverização é a proteína de soro de leite, especialmente o concentrado de proteína de soro de leite. Esta proteína é frequentemente utilizada para encapsular várias essências e óleos. A proteína de soro de leite, devido às suas propriedades tensioactivas favoráveis, elevado poder emulsionante, baixa viscosidade a concentrações elevadas e fácil libertação dos componentes principais durante a dissolução, é amplamente utilizada em processos de encapsulamento. A solubilidade do alginato de sódio em água aumenta com a temperatura da água, e a solução preparada a partir desta substância é viscosa e apresenta um comportamento pseudoplástico em termos de reologia. Esta substância é também muito utilizada para encapsular vários sabores e aromas, sendo compatível com todos os métodos de encapsulamento. Ao contrário da caseína, o caseinato de sódio é solúvel em água, e a sua solubilidade aumenta com o aumento da temperatura da água. Esta substância tem boas propriedades surfactantes e emulsionantes, e os materiais revestidos com ela têm menor permeabilidade a parâmetros ambientais como o vapor de água e o oxigénio (Beristain et al., 1999; Hogan et al., 2001; Loksuwan et al., 2007; Zuidam e Nedovic, 2010; Liu et al., 2012; Yan et al., 2014; Machado et al, 2014). Um parâmetro fundamental a ter em conta no processo de encapsulação é o método utilizado para realizar este processo, que pode incluir vários métodos, como a secagem por pulverização, o arrefecimento por pulverização, o aprisionamento de lipossomas, a liofilização, a coacervação, a extrusão e o revestimento em leito fluidizado (Nedovic et al., 2011; Fang e Bandari, 2010; Zuidam e Nedovic, 2010). Nas secções seguintes, alguns destes métodos serão discutidos em mais pormenor.

**Secagem por pulverização**

O encapsulamento por secagem por pulverização é um processo comercial simples, contínuo e económico, amplamente utilizado para revestir materiais alimentares sensíveis, como essências, óleos, aromas e produtos farmacêuticos, sendo que mais de 90% dos materiais aromatizantes são preparados através deste método. A disponibilidade de equipamento, a boa proteção dos compostos voláteis, a boa estabilidade da composição final e a produção em grande escala são as vantagens deste método (Madini et al., 2006). No método de secagem por pulverização, o material a encapsular é homogeneizado com o material de transporte, normalmente numa proporção de 1:4, e depois a mistura é introduzida num injetor de alimentação do secador por pulverização ou atomizada através de um bocal. O material atomizado encontra ar quente, provocando a evaporação da água. As microcápsulas são recolhidas depois de caírem no fundo do secador (Gibbs et al., 1999; Desai e Park, 2005). Uma limitação da secagem por pulverização é a disponibilidade limitada de materiais de encapsulamento (materiais de casca). Uma vez que a maioria dos processos de secagem por pulverização na indústria alimentar são realizados em formulações aquosas, o invólucro deve ser solúvel em água.

Os materiais de revestimento normalmente utilizados incluem goma arábica, maltodextrinas, amidos modificados hidrofobicamente e misturas de compostos relacionados. Outros polissacáridos (alginato, carboximetilcelulose, goma de guar) e proteínas (proteínas de soja, caseinatos de sódio) também podem ser utilizados como materiais de revestimento na secagem por pulverização (Desai e Park, 2005). Outra desvantagem da secagem por pulverização para compostos aromáticos e aromatizantes é que alguns compostos aromáticos com baixos pontos de ebulição podem perder-se durante o processo. Além disso, o material do núcleo pode, em vez de estar dentro da cápsula, estar na superfície da cápsula, levando à oxidação e a potenciais alterações de sabor no produto encapsulado, acelerando o processo. Outro desafio na microencapsulação de compostos de sabor e aroma por secagem por pulverização é o facto de este método produzir pós muito finos com diâmetros geralmente entre 1-100 µm, o que pode exigir processos adicionais, como a aglomeração, para uma solubilização mais rápida e melhor dos pós quando utilizados num líquido (Madini et al., 2006).

**Arrefecimento por pulverização**

No método de arrefecimento por pulverização e arrefecimento por pulverização, o material do núcleo é disperso no material da casca num estado fundido e atomizado dentro de ar arrefecido ou arrefecido, causando a solidificação do material da casca à volta do material do núcleo. Enquanto que na secagem por pulverização, a mistura é atomizada em ar quente, por isso, no arrefecimento por pulverização, a evaporação da água não ocorre. No arrefecimento por pulverização, o material de revestimento é constituído por algumas formas de óleos vegetais ou seus derivados. No entanto, pode ser utilizada uma vasta gama de outros materiais de encapsulamento. Estes compostos incluem gorduras e estearinas com pontos de fusão de 122-45 °C, bem como mono- e di-acil gliceróis com pontos de fusão firmes de 65-45 °C. No arrefecimento por pulverização, o material de revestimento é geralmente um óleo vegetal fraccionado ou hidrogenado com um ponto de fusão de 32-42 °C. A diferença entre estes dois métodos é a temperatura do reator em que o material de revestimento é pulverizado. Uma vez que não existe transferência de massa nestes métodos, as partículas podem ser quase completamente solidificadas em grânulos e pós que fluem livremente. A atomização cria uma área de superfície muito elevada e uma mistura fácil e imediata destas microcápsulas com o meio de arrefecimento. As microcápsulas produzidas pelos métodos de arrefecimento por pulverização e de arrefecimento por pulverização são insolúveis em água devido ao revestimento lipídico. Por conseguinte, estes métodos são normalmente utilizados para encapsular materiais de base solúveis em água, tais como minerais, vitaminas solúveis em água, enzimas, acidulantes e alguns materiais de sabor e fragrância. A libertação dos materiais encapsulados ocorre quando o material da casca derrete. A desvantagem do método de arrefecimento por pulverização e de arrefecimento por pulverização é a necessidade de condições específicas de manuseamento e armazenamento (Gibbs et al., 1999; Desai & Park, 2005; Madini et al., 2006).

**Revestimento de leito fluidizado**

O método de revestimento em leito fluidizado fornece uma vasta gama de aditivos e nutrientes encapsulados para a indústria alimentar. Neste método, as partículas a revestir são suspensas numa coluna de ar de alta velocidade com temperatura e humidade controladas, na qual o material de revestimento é atomizado e suspenso no estado fundido. Os derivados de celulose, dextrinas, emulsionantes, lípidos, derivados de proteínas e derivados de amido são exemplos de sistemas de revestimento comuns que podem ser utilizados no estado fundido ou dissolvido num solvente volátil (Gibbs et al., 1999; Desai & Park, 2005). Por favor, traduza o texto abaixo para inglês num estilo académico. Utilize Markdown. O método de revestimento em leito fluidizado é adequado para revestir revestimentos de fusão a quente, tais como óleos vegetais hidrogenados, ésteres, ácidos gordos, emulsionantes e ceras, ou revestimentos à base de solventes, tais como amidos, gomas e maltodextrinas. No estado de fusão a quente, a libertação dos componentes encapsulados ocorre com um aumento da temperatura ou com a desagregação física do suporte, enquanto no caso dos revestimentos solúveis em água, a libertação do conteúdo ocorre quando é adicionada água ao sistema (Gibbs et al., 1999; Desai & Park, 2005). O revestimento em leito fluidizado é um dos métodos mais adequados para encapsular facilmente materiais de fragrâncias e aromas e cria fortes pontes entre partículas no processo de secagem subsequente. Esta tecnologia permite a distribuição de tamanhos específicos de partículas e baixa porosidade no produto. Outras vantagens do revestimento em leito fluidizado incluem elevadas taxas de secagem devido ao bom contacto gás-partícula e, por conseguinte, taxas óptimas de transferência de massa e calor, baixa área de superfície do leito e facilidade de controlo. Este método é menos dispendioso em comparação com outros métodos de secagem, como a secagem por pulverização (Maddini et al., 2006).

**Microencapsulação de aromas por extrusão**

Este método envolve a dispersão de materiais de núcleo dentro de hidratos de carbono derretidos através de uma série de moldes para um banho de desidratação líquido. A pressão é mantida constante a 100 psi e a temperatura a 115 °C. O material de revestimento entra em contacto com o líquido derretido e aprisiona o material de base para hidratação e endurecimento, utilizando casca de isopropilo. O processo de extrusão utilizado para encapsular fragrâncias e aromas é, na verdade, um método de aprisionamento a baixa temperatura. O encapsulamento de fragrâncias e aromas por extrusão é adequado para fragrâncias e aromas voláteis e instáveis em matrizes vítreas de hidratos de carbono. As matrizes vítreas de hidratos de carbono têm boas propriedades de barreira e o processo de extrusão pode encapsular fragrâncias e aromas nessas matrizes. O processo envolve a dispersão da mistura de fragrância e sabor numa matriz de polímero a 110 °C. Esta mistura é então passada através de um molde, e os fios obtidos são imersos num líquido absorvente de humidade e solidificados, prendendo a massa de material ativo. Os fios solidificados são depois partidos em pequenos pedaços, separados e secos. O líquido mais comum utilizado para o processo de hidratação e solidificação é o álcool isopropílico. Os materiais de transporte utilizados incluem a sacarose, a maltodextrina, o xarope de glucose, a glicerina e a glucose. A vantagem deste método é que a mistura é completamente envolvida pelo material de revestimento, proporcionando uma elevada estabilidade contra a oxidação e aumentando o prazo de validade. O produto pode ser armazenado durante 1 a 2 anos sem degradação significativa da qualidade (Gibbs et al., 1999; Desai & Park, 2005).

### Liofilização

A liofilização é um dos métodos mais comuns para secar núcleos que são revestidos com uma combinação de liofilização e homogeneizador de alta velocidade. Este método é utilizado para hidratar materiais e aromas sensíveis ao calor e para a microencapsulação de essências solúveis em água e aromas naturais, bem como de medicamentos (Desani & Park, 2005). Neste processo, com a cristalização da água, a solução espessa e não congelante atrasa a libertação de fragrâncias e aromas. Este processo está menos direcionado para o encapsulamento em comparação com outros métodos, uma vez que o processo custa até 50 vezes mais do que a secagem por pulverização e os custos de manutenção e manuseamento das partículas produzidas são muito elevados. A aplicação industrial deste método é limitada devido ao longo tempo de processamento (Maddini et al., 2006).

### Aglomeração

A aglomeração é um fenómeno que ocorre em soluções coloidais e é frequentemente considerada como o principal método de encapsulamento. Este método foi o primeiro processo de encapsulamento estudado, inicialmente utilizado para produzir microcápsulas sensíveis à pressão para a produção de papel autocopiativo (Madani et al., 2006). O processo envolve a dissolução de uma proteína formadora de gel e, em seguida, a emulsificação do material do núcleo no interior da proteína. O material de revestimento é separado de uma solução líquida de polímero e reveste o material do núcleo, solidificando depois e sendo recolhido (Gibbs et al., 1999). A aglomeração pode ser simples ou complexa. A secagem por pulverização simples envolve a utilização de apenas um tipo de polímero com a adição de agentes hidrofílicos fortes à solução coloidal. Na aglomeração complexa, são utilizados dois ou mais polímeros. O material de base utilizado na secagem por pulverização deve ser compatível com o polímero recetor e ser insolúvel ou pouco solúvel no ambiente de aglomeração (Madani et al., 2006). Muitos materiais de revestimento foram investigados para encapsulamento utilizando o método de aglomeração. O sistema mais comummente utilizado é o sistema gelatina/goma de acácia. A pH baixo, a gelatina e a goma arábica têm cargas opostas que levam à sua absorção e à formação de um complexo insolúvel (Gibbs et al., 1999). Outros sistemas de revestimento, como a gliadina, a heparina, a gelatina, a carragenina, a quitosana, a proteína de soja, o álcool polivinílico, a carboximetilcelulose, a betalactoglobulina, a goma arábica e a goma guar dextrano, também foram estudados no processo de aglomeração (Dazai e Park, 2005).

### Separação por suspensão centrífuga ou suspensão rotativa

A suspensão centrífuga é um novo processo de microencapsulação. O processo envolve a mistura de materiais de parede e de núcleo e, em seguida, adiciona-os a um disco rotativo. Os materiais do núcleo são então deixados para trás num revestimento líquido. Depois de o disco ser removido, as microcápsulas são secas ou arrefecidas. O processo completo pode durar entre alguns segundos e alguns minutos. Sólidos, líquidos ou suspensões de 30 µm a 2 µm podem ser encapsulados utilizando este método. Os revestimentos podem ter uma espessura de 1 a 200 µm e podem incluir gorduras, polietilenoglicóis, diglicéridos e outros materiais fundíveis. Uma vez que este método é contínuo e rápido, é muito adequado para materiais alimentares. Uma aplicação deste método é a proteção de materiais alimentares sensíveis ou que absorvem a humidade, como o aspartame, as vitaminas ou a metionina (Gibbs et al., 1999; Dazai e Park, 2005).

### Mecanismos de libertação de compostos activos

Um composto ativo pode ser libertado da sua matriz circundante através de vários mecanismos físicos e químicos.

**Difusão:** Neste mecanismo, o composto ativo pode atravessar a matriz por difusão. Neste caso, a taxa de libertação depende do tamanho, forma, estrutura e composição da partícula, do coeficiente de difusão entre os diferentes compostos da matriz e do gradiente de concentração entre a partícula e o ambiente circundante.

**Fratura mecânica:** O composto ativo pode ser libertado quando o material da matriz é fisicamente destruído, por exemplo, por forças de cisalhamento. Neste caso, a taxa de libertação depende das propriedades da partícula fracturada, tais como a força aplicada no momento da fratura e o tamanho e forma dos fragmentos resultantes. O composto ativo pode também continuar a difundir-se para o exterior, mas a libertação será mais rápida devido ao aumento da área de superfície e à redução do caminho de difusão.

**Erosão:** O constituinte ativo é libertado por difusão através dos polímeros ou através de defeitos e vazios presentes no polímero.

**Inchaço:** O composto ativo pode ser libertado quando a matriz absorve um solvente e incha. Por exemplo, um composto ativo pode ser encapsulado dentro de uma partícula sólida ou de uma partícula biopolimérica com poros pequenos (para impedir o seu movimento). Quando a partícula absorve moléculas de solvente, incha e, em seguida, o composto ativo pode permear através dela. Por outro lado, um composto ativo pode ser encapsulado numa matriz, inchando uma partícula vazia, misturando-a com o composto ativo e, em seguida, alterando as condições ambientais para fazer com que a partícula se enrugue e retenha o composto ativo. Neste caso, a taxa de libertação do composto ativo depende da extensão do inchaço e do tempo necessário para que o composto se difunda para fora da matriz inchada.

**Além disso, o processo de libertação de um composto ativo também pode ser realizado através de outros métodos:**

**Libertação controlada**: Processo de libertação de um composto encapsulado com um perfil específico de temperatura e concentração

**Libertação explosiva:** Libertação de uma grande parte do material encapsulado num curto período de tempo

**Libertação estimulada**: Libertação do composto encapsulado em resposta a um fator externo específico (como pH, força iónica, atividade enzimática, temperatura)

**Libertação contínua:** Libertação a longo prazo de um composto encapsulado a uma taxa relativamente constante

**Libertação direccionada:** Libertação a longo prazo de um composto encapsulado num local específico (como a boca, o estômago, o intestino delgado e o intestino grosso) (Acosta, 2009; Fang e Bandari, 2010; Nedovic et al., 2011).

**Libertar estímulos**

Os sistemas de microencapsulação e de libertação controlada são concebidos para responder a um ou a uma combinação de estímulos, activando a libertação do material encapsulado e atingindo rapidamente o local ou a taxa de libertação. Os factores de estímulo podem incluir um ou uma combinação dos seguintes factores (Acosta, 2009; Fang & Bhandari, 2010; Nedovic et al., 2011):

1. Temperatura: numa matriz, cera ou gordura;
2. Humidade: numa matriz, hidrofílica;
3. pH no revestimento intestinal, homogeneidade e integridade da emulsão, entre outros;
4. Enzimas: no revestimento intestinal e em vários tipos de gorduras, matriz de amido e proteínas;
5. Forças de cisalhamento: como a mastigação, a fratura física e a trituração;
6. Temperatura crítica de dissolução dos hidrogéis.

## Gelado

O gelado é um sistema coloidal complexo em que pequenas bolhas de ar estão dispersas numa fase contínua que está parcialmente congelada. Nesta fase, as gorduras estão na forma de emulsões, os estabilizantes e os sólidos não gordurosos estão na forma coloidal e os açúcares estão numa verdadeira solução. As pequenas bolhas de ar, os cristais de gelo, os glóbulos de gordura e as micelas de caseína com várias formas e sabores únicos criam um xarope espesso e doce que, depois de congelado, pode estimular os receptores sensoriais do indivíduo para criar um sabor agradável (Clarke, 2004).

## Valor nutricional e normas para gelados

De acordo com a norma relativa aos gelados lácteos, a percentagem em peso de vários ingredientes é apresentada no quadro 11 (números da norma 52 e 2450).

**Quadro 11. Percentagem de peso e características do gelado**

| Características do gelado | Montantes |
|---|---|
| Gordura | Pelo menos 2,5 % |
| Sólidos de leite sem gordura | Pelo menos 7 % |
| Biomassa total | Pelo menos 28 % |
| Açúcares | Um máximo de 19 % |
| acidez | 0,2% em termos de ácido lático |
| Micróbios aeróbicos | Menos de 10.000 peças |
| Formulários gerais | Menos de 50 peças |
| Micróbios patogénicos | 0 |

Uma porção de 70 g de gelado produz aproximadamente 130 kcal de energia, contendo 3 g de proteínas, 100 mg de cálcio, 70 mg de fósforo, 250 unidades internacionais (UI) de vitamina A, 120 µg de riboflavina e 30 µg de tiamina (Marshall e Arbuckle, 1996 e Clarke, 2004). Num gelado normal com 7% de gordura, 3% de proteínas, 15% de hidratos de carbono e 13% de sacarose, o valor energético é de 187 kcal.

## Características do gelado

### Características físicas

**Sabor:** O sabor ideal do gelado deve ser fresco, puro e delicioso, o produto deve ter ingredientes aromatizantes, características naturais e um travo cremoso. Os aromatizantes, adoçantes e ingredientes lácteos devem ser utilizados na formulação do gelado de forma a que o produto não tenha qualquer sabor ácido, cozinhado, oxidado ou salgado.

**Textura:** A textura do gelado deve ser macia, cremosa e uniforme, sem cristais de gelo ou bolhas de ar tão grandes que a língua os possa detetar. Não deve haver sensação de película oleosa na boca, e a textura do gelado não deve ser gordurosa, arenosa ou arenosa.

**Cor:** A cor do gelado pode indicar o tipo de agentes aromatizantes presentes no gelado. A cor deve ser distribuída uniformemente por todo o produto.

**Consistência:** A consistência desejada baseia-se na força adequada e na sensação real de ingredientes sólidos entre as bolhas de ar. Os materiais de revestimento devem cobrir o produto de forma a que o gelado não tenha uma textura pegajosa ou de goma. O gelado não deve ser quebradiço, gomoso, enrugado ou húmido (Marshall e Arbuckle, 1996; Goff e Hartel, 2013).

## Características químicas

**Teor de gordura:** No gelado lácteo feito de leite, o teor mínimo de gordura deve ser de 2,5%, e no gelado feito de leite e gordura láctea, o teor mínimo de gordura deve ser de 5%. No entanto, nos gelados em que a gordura é fornecida tanto pelo leite como pela gordura vegetal, o teor mínimo de gordura deve ser de 10% (Normas 52 e 2450).
**Teor de sólidos lácteos não gordos:** No gelado feito de leite, deve estar presente um mínimo de 7% de sólidos lácteos não gordos, e no gelado feito de leite e gordura láctea, deve estar presente um mínimo de 9% de sólidos lácteos não gordos (Norma números 52 e 2450).
**Teor de sólidos totais:** No gelado lácteo feito de leite, deve estar presente um mínimo de 28% de sólidos totais, e no gelado feito de leite e gordura láctea, deve estar presente um mínimo de 33,5% de sólidos totais (Normas números 52 e 2450).
Acidez: A acidez máxima do gelado em termos de ácido lático é de 0,2%.

## Ingredientes utilizados no gelado

Os ingredientes utilizados no gelado incluem gorduras, proteínas, hidratos de carbono, estabilizadores e emulsionantes, corantes e aromatizantes. As suas características e utilizações são explicadas em seguida.

Gorduras: A mistura de gordura do gelado contém 10-16% de gordura. Nutricionalmente, a gordura do leite na formulação do gelado fornece energia, ácidos gordos essenciais e vitaminas lipossolúveis e, tecnologicamente, afecta as propriedades físicas e reológicas do gelado. A gordura láctea melhora a estrutura do gelado em reação com outros ingredientes do gelado, produzindo um produto doce e cremoso, estabiliza os glóbulos de gordura durante a congelação e, ao ser colocada sobre as bolhas de ar, proporciona uma sensação bucal adequada e reduz o derretimento do gelado (Meyer et al., 2011). Além disso, ajuda a estabilizar as bolhas de ar e as partículas sólidas durante o congelamento e é responsável por fornecer moléculas de sabor que são solúveis em gordura (Granger et al., 2004; Mahdian et al., 2012). Estes glóbulos de gordura também reduzem a dureza e a perceção de cristais de gelo quando se come (Deshmukh et al., 2014). As fontes de gordura no gelado incluem a gordura do leite, natas, manteiga, gordura do leite sem gordura e gorduras vegetais (óleo de girassol, coco, soja) (Farahnoudi, 1998).

**Proteína**

A proteína no gelado é proveniente do leite, que contém 5,3% de proteína. A proteína desempenha um papel crucial na estabilidade e na formação da textura da base do gelado devido à sua atividade superficial. Também ajuda na distribuição correcta do ar durante a congelação (Clarke, 2004) e melhora o sabor cremoso do gelado (Granger et al., 2004). O leite (concentrado, gordo ou reconstituído), o leite em pó seco, o soro de leite em pó e a manteiga ou manteiga em pó são fontes de proteína no gelado.

**Adoçantes**

Vários agentes adoçantes são utilizados na preparação do gelado, sendo que a doçura desejada no gelado varia tipicamente entre 13-16% de equivalente de sacarose (Marshall e Arbuckle, 1996). Os edulcorantes têm duas funções principais no gelado: proporcionam doçura ao produto e controlam a quantidade de gelo, o que é crucial para a qualidade do gelado. Os edulcorantes utilizados no gelado incluem a sacarose, a frutose, a lactose, a dextrose, o mel, o xarope de malte, os edulcorantes de milho e os álcoois de açúcar (Granger et al., 2004). A sacarose é utilizada principalmente no gelado, regulando o teor de sólidos e reduzindo a quantidade de gelo para diminuir a firmeza da textura. Um maior teor de sacarose aumenta a viscosidade da mistura, resultando num gelado mais cremoso e com maior teor energético. Também ajuda na retenção de água durante o armazenamento, prolongando o prazo de validade do gelado e intensificando o sabor a baunilha (Deshmukh et al., 2014; Giri et al., 2012). Por vezes, a sacarose simples com uma concentração de 50-55% é dissolvida em água à temperatura ambiente para facilitar a sua utilização (Farahnoudi, 1998). A beterraba sacarina e a cana-de-açúcar são fontes de produção de sacarose.

## Estabilizadores

Os estabilizadores reduzem a mobilidade das moléculas de água ligando-se a elas, criando uma rede tridimensional que leva a uma textura mais suave e a uma maior resistência à fusão do gelado. Ao adsorverem-se à superfície dos cristais de gelo e ao aumentarem a viscosidade da fase não congelada do soro à volta dos cristais de gelo, restringem o seu crescimento, reduzem o volume do produto e estabilizam a base do gelado (Maki et al., 2002). Evitam a separação do soro durante a fusão e a migração da humidade do produto para a embalagem (Soukoulis et al., 2010). É utilizada uma vasta gama de hidrocolóides nos gelados, derivados de várias fontes, tais como exsudados (goma de guar e goma arábica), sementes (alfarroba e guar), microbianos (xantana e gelano), algas (carragenina, alginato de sódio e ágar) e sintéticos (metilcelulose e carboximetilcelulose), desempenhando o alginato de sódio e a carboximetilcelulose um papel crucial na formação da textura (Farahnoudi, 1998; Granger et al., 2004).

## Emulsionantes

Os emulsionantes são substâncias que ajudam a suspender os componentes por tensão superficial. Desempenham um papel importante na estabilização da emulsão de gordura durante o congelamento da mistura de gelado, aumentando o overrun, reduzindo o tempo de batimento, melhorando a taxa de fusão, diminuindo o crescimento de cristais de gelo, aumentando a firmeza, criando uma estrutura suave, assegurando uma sensação bucal aceitável e melhorando a uniformidade da textura. Os emulsionantes com um baixo equilíbrio hidrofílico e lipofílico (HLB), como 16=HLB, são adequados para utilização em gelados. Os emulsionantes utilizados nos gelados são os mono e diglicéridos, os ácidos gordos polioxietileno sorbitano (polissorbatos 80 e 60) e a lecitina (Moayyinfar et al., 2008).

## Aromas

Um aspeto crucial do gelado é prestar atenção ao seu sabor e ir ao encontro das preferências de gosto dos consumidores. Algumas moléculas de sabor são solúveis em gordura, enquanto outras são solúveis em água. Por conseguinte, o tipo de moléculas utilizadas determina o sabor do gelado.

A baunilha, o chocolate e o morango são utilizados principalmente como aromatizantes nos gelados. Como os aromatizantes são sensíveis ao calor, não devem ser adicionados à mistura antes da pasteurização, sendo preferível incluí-los após o processo de homogeneização (Clarke, 2004).

### Cor

Os corantes de frutos são utilizados em gelados para criar uma aparência adequada e melhorar a qualidade do produto, correspondendo ao sabor utilizado na formulação. Normalmente, os corantes são adicionados numa forma concentrada à mistura (Farahnoudi, 1998).

### A necessidade de utilizar corantes naturais nos gelados

Com a utilização generalizada de corantes artificiais para produzir gelados com várias cores e os efeitos secundários dos corantes utilizados, a importância da utilização de corantes naturais de origem biológica com propriedades antimicrobianas e antioxidantes está a aumentar. No entanto, estudos têm demonstrado que a estabilidade dos corantes naturais em alimentos armazenados a temperaturas de sub-congelação diminui em comparação com temperaturas mais elevadas. Um método para preservar a qualidade dos corantes naturais é utilizar técnicas de microencapsulação com revestimentos compatíveis com os alimentos para aumentar a estabilidade da cor e preservar as suas propriedades benéficas durante o período de armazenamento dos alimentos (Kumar et al., 2015; Gobbi et al., 2016). Por conseguinte, no presente estudo, o pigmento de ficocianina natural extraído das algas Spirulina foi examinado utilizando vários métodos. Foi investigado o impacto de diferentes revestimentos na microencapsulação deste pigmento e a influência de vários parâmetros ambientais na sua estabilidade em condições laboratoriais. Adicionalmente, para além de avaliar as propriedades antioxidantes e antimicrobianas do pigmento, foi também avaliado o seu efeito nas características de qualidade do gelado.

## Capítulo Dois: Revisão da investigação

Incluir....

➢ Antecedentes

**Antecedentes da investigação**

- Num estudo realizado por Dezfulnejad et al em 2012, foram avaliados os efeitos de diferentes concentrações de spirulina nos factores sanguíneos e no sistema imunitário de peixes pinguim, e os resultados mostraram que a spirulina teve pouco efeito na imunidade específica dos peixes, mas melhorou a sua imunidade não específica.

- No artigo apresentado por Ghaeni et al em 2011, foram examinados os pigmentos carotenóides e a clorofila a nas algas spirulina. Os resultados mostraram que estavam presentes diferentes pigmentos, incluindo clorofila a, beta-caroteno, licopeno, zeaxantina, luteína e astaxantina, sendo a sua análise quantitativa de 4,3 μg/ml e 7393, 741, 6652, 424 e 0,21 μg/g, respetivamente.

- No estudo relatado por Ghaeni et al em 2012, foi examinado o cultivo laboratorial de spirulina platensis. O melhor meio de cultura para esta alga foi o meio Conway, e o período de cultivo para a primeira fase foi de 30 dias. O estudo também avaliou os efeitos de vários parâmetros no processo de crescimento da spirulina.

- Num estudo realizado por Sohaili et al em 2012, foi avaliada a produção de ficocianina por spirulina platensis. O estudo foi analítico, e os resultados mostraram que a utilização de diferentes substratos (fontes de carbono e azoto) teve um impacto significativo na produção de ficocianina. Verificou-se que a glucose, o melaço e a ureia eram as fontes de carbono e de azoto mais baratas que melhoravam o crescimento das algas e, subsequentemente, aumentavam a produção de pigmentos.

- Num estudo realizado por Faraji et al em 2012, foram examinados os efeitos de vários parâmetros na produção de ficocianina. Os resultados indicaram que o aumento da luz, a cultura em regime de lote alimentado e o substrato de glucose tiveram efeitos positivos na produção de pigmentos, mas o aumento da temperatura diminuiu a produção de ficocianina.

- Num estudo realizado por Salehifar et al em 2012, a spirulina em pó foi utilizada na formulação de bolachas. Foram utilizadas concentrações de 0,5, 1 e 1,5 %, e foram avaliadas as propriedades estruturais, de cor e nutricionais dos biscoitos. Os resultados mostraram um aumento significativo de proteína, ferro e ácido linolénico nos biscoitos enriquecidos com algas, e alguns parâmetros de deterioração, como o índice de peróxidos, foram reduzidos. Os factores sensoriais indicaram satisfação com as alterações mencionadas.

- Num estudo relatado por Salehifar et al em 2013, foram avaliadas alterações quantitativas e qualitativas no perfil de ácidos gordos e parâmetros sensoriais em bolachas enriquecidas com spirulina. Alguns ácidos gordos essenciais nas bolachas enriquecidas aumentaram significativamente, e os seus parâmetros sensoriais foram optimizados. O tratamento contendo 1,5% de spirulina em pó apresentou as alterações mais positivas durante o armazenamento de 3 meses em comparação com a amostra de controlo.

- Num estudo realizado por Salikhezadeh et al em 2012, foram avaliados os efeitos de diferentes níveis de spirulina no crescimento, na nutrição e na composição bioquímica do peixe dourado. Os resultados mostraram que uma concentração de 10 % aumentou os indicadores de crescimento e a percentagem de proteínas na carcaça.

- Num estudo realizado por Mazinani et al em 2014, a spirulina foi utilizada como suplemento na refinação de queijo branco com o objetivo de avaliar o seu impacto na sobrevivência de Lactobacillus acidophilus. Além disso, o pó de salgados da montanha foi utilizado como intensificador de sabor, agente antimicrobiano e antioxidante. Os resultados mostraram que uma concentração de 0,8 % de spirulina em dois níveis de 0,5 e 1 % de segurelha aumentou a sobrevivência bacteriana.

- No estudo apresentado por Sarada et al. em 1999, foram investigadas as desvantagens dos métodos de secagem da biomassa de algas, como o secador por pulverização e a estufa, e os resultados mostraram que 50% do pigmento ficocianina se perde durante o processo de secagem. Além disso, os resultados indicaram que este pigmento tem a maior estabilidade a pH 5-7,5 e a sua estabilidade diminui a temperaturas superiores a 40 °C.

- No estudo realizado por Minkova et al. em 2003, foi utilizado um tratamento em várias fases do extrato bruto com ryuanol (numa proporção de 1 para 10) seguido de saturação com sulfato de amónio na microalga Spirulina fusiformis. Os resultados mostraram que a produção do pigmento ficocianina foi de 46% do volume total do extrato bruto, com uma pureza de 4,3% (A620/A280). A eletroforese em gel foi utilizada para avaliar os derivados do pigmento, revelando duas subunidades, alfa (19.500 daltons) e beta (21.500 daltons).

- No estudo efectuado por Murugan e Rajesh em 2014, foi avaliado o cultivo de duas subespécies de algas Spirulina platensis em meio de água do mar. Os resultados mostraram que o meio de água do mar produziu uma biomassa de algas mais elevada em comparação com o meio de controlo (Zarrouk), resultando numa produção significativamente mais elevada do pigmento ficocianina. A biomassa na água do mar e no meio Zarrouk foi de 2,48 e 1,72 g/l, respetivamente.

- Num estudo realizado por Patel et al. em 2005, foram avaliadas a purificação e as características da ficocianina de cianobactérias de água doce. Foi utilizado um método cromatográfico de uma etapa para a extração do pigmento. A pureza mais elevada do pigmento foi observada nas algas Lyngbya, com a fase seguinte a envolver os géneros Spirulina e Phormidium. Os resultados da eletroforese em gel mostraram que o peso molecular da subunidade beta em todas as espécies em investigação era de 24,4 kDa, enquanto os pesos da subunidade alfa eram de 17, 19,1 e 15,2 kDa em Spirulina, Phormidium e Lyngbya, respetivamente.

- No artigo apresentado por Eriksen em 2008, o pigmento ficocianina foi revisto. Neste artigo, foram discutidos vários métodos de extração, a utilização de ficocianina na indústria alimentar e as propriedades antioxidantes deste pigmento.

- No estudo realizado por Habib et al. em 2008, foram examinados o cultivo, a produção e a utilização da Spirulina como alimento para humanos, gado e peixe. O artigo apresentou o valor nutricional, as condições de cultivo, as estatísticas de produção da Spirulina em diferentes países e comparou-a com outros produtos (estatísticas da FAO).

- No estudo realizado por Mala et al. em 2009, foram avaliadas as propriedades antimicrobianas do extrato de Spirulina contra várias bactérias patogénicas. Os resultados mostraram que o extrato etanólico da alga apresentou melhores resultados em comparação com outros extractos, como os extractos metanólico, etanólico, propanólico e aquoso. As bactérias mais sensíveis testadas foram a Klebsiella pneumoniae e a bactéria mais resistente foi a Pseudomonas aeruginosa.

- O estudo de Tongsiri et al. em 2010 revelou que a utilização de Spirulina em pó como substituto do peixe e do pó de soja na dieta do peixe-gato adulto não teve efeito significativo nos indicadores de crescimento, na melhoria da carcaça e no aumento do pigmento nos tecidos.

- Num estudo realizado por Walter et al. em 2011, foi investigado o efeito dos espectros de luz na produção do pigmento ficocianina. Os resultados mostraram que, ao utilizar um filtro vermelho contra a fonte de luz, a pureza da ficocianina aumentou até 33%, mas a produção de pigmento diminuiu até 16%.

- No artigo apresentado por Saleh et al. em 2011, foi estudada a produção de pigmentos proteicos (ficocianina, aloficocianina e ficovarietina) em diferentes espécies de Spirulina. Os resultados mostraram que, dependendo da espécie de alga e das condições de cultivo, a produção de pigmentos varia. Verificou-se que a maior produção de pigmentos ocorre após 15 dias.

- No estudo apresentado por Moraes et al em 2011, foi avaliada a extração de ficocianina da alga Spirulina platensis (na forma de biomassa húmida). Neste estudo, foram investigados 6 métodos de extração, incluindo métodos químicos (ácidos orgânicos e minerais), físicos (congelação-descongelação, sonicação, homogeneização) e enzimáticos (lisozima). Os resultados mostraram que o método de sonicação teve maior eficiência, seguido do método de congelação-descongelação.

- Os resultados de Promya e Kitmanat (2011) mostraram que uma dieta contendo 5,0% de Spirulina levou a um aumento do crescimento e melhorou o sistema imunitário dos peixes, enquanto uma dieta contendo 0,5% de Cladophora aumentou os níveis de carotenóides no peixe-gato.

- Ghaeni et al (2011) relataram que a Spirulina aumentou a taxa de sobrevivência dos estágios finais das larvas de camarão-tigre, mas seu uso nos estágios iniciais causou mortalidade e perdas.

- El-Baz et al em 2011 testaram o efeito antimicrobiano do extrato de Spirulina. As bactérias utilizadas foram Staphylococcus aureus e Salmonella typhimurium. Os resultados mostraram que ambas as bactérias eram sensíveis ao extrato obtido a partir de Spirulina, e os resultados GC-MS indicaram a presença de compostos de ácidos gordos no extrato que têm fortes efeitos antibacterianos.

- No artigo de revisão apresentado por Saleh e Kousher em 2012, foram avaliadas várias propriedades da alga Spirulina. Foi mencionado o valor nutricional da Spirulina e de pigmentos como os carotenos, a clorofila a e as ficocianinas. Entre as propriedades mais importantes dos pigmentos da Spirulina estão as suas propriedades anticancerígenas, antivirais, antioxidantes e o seu papel na otimização do sistema imunitário, com várias aplicações nas indústrias farmacêutica, alimentar, cosmética e da saúde.

- No estudo realizado por Sirakov et al em 2012, verificou-se que a Spirulina em pó (10%) aumentou os indicadores de crescimento da truta arco-íris em comparação com os tratamentos de controlo.

- No artigo de revisão de Cho, em 2012, foram discutidas as aplicações biotecnológicas das microalgas, com uma avaliação do valor nutricional das algas Chlorella e Spirulina e dos seus compostos eficazes, como os ácidos gordos insaturados, os carotenóides, as ficobiliproteínas e os compostos bioactivos. O estudo examinou também as aplicações ambientais das algas (absorção biológica de águas residuais agrícolas e industriais) e como ferramentas biológicas (para testar substâncias tóxicas como metais pesados e insecticidas).

- El-Baz et al, em 2013, estudaram os efeitos antimicrobianos e antivirais da Spirulina platensis em condições laboratoriais. Os resultados mostraram que o extrato de etanol de Spirulina teve efeitos variáveis (76-50%) contra adenovírus, vírus coxsackie, astrovírus e rotavírus. O extrato também apresentou efeitos inibitórios em bactérias como Escherichia coli,

Staphylococcus aureus, Salmonella typhi, Enterococcus faecalis e Candida albicans.

- No artigo de revisão apresentado por Kuddus et al em 2013, foram estudados os recentes avanços na produção e aplicação de ficocianinas através da biotecnologia. O artigo discutiu as aplicações das ficocianinas como pigmentos naturais em vários produtos alimentares, cosméticos e farmacêuticos, em comparação com os corantes químicos. O estudo também destacou várias técnicas de extração e purificação de ficocianinas.

- No artigo de revisão de Hosseini et al em 2013, foi discutido o valor nutricional e as aplicações das algas Spirulina na agricultura, indústrias alimentares, medicina e produtos cosméticos e de higiene. O artigo descreve em pormenor o enriquecimento de vários alimentos, tais como bebidas, produtos à base de cereais, chocolates, sobremesas à base de gelatina, produtos lácteos e produtos de confeitaria, utilizando a Spirulina.

- Os resultados do estudo de Krishnaveni et al (2013) mostraram que uma combinação de Spirulina e probióticos de lactobacilos e leveduras aumentou a taxa de crescimento e melhorou os indicadores sanguíneos e séricos na carpa comum.

- No estudo efectuado por Fadaei et al. em 2013, foram investigados os efeitos das concentrações de Spirulina de 0,3 e 0,8 % na viabilidade das bactérias iniciadoras do iogurte e do probiótico Lactobacillus acidophilus. Também foram utilizadas no estudo concentrações de espinafre de 10 e 13%. Os resultados mostraram que a Spirulina teve efeitos positivos sobre as bactérias de arranque e os probióticos utilizados.

- No artigo de revisão apresentado por Lee et al. em 2013, foram examinadas as propriedades oxidantes, anti-inflamatórias e anticancerígenas de algumas algas marinhas. O artigo discutiu a utilização de pigmentos produzidos a partir de algas verde-azuladas, vermelhas, verdes e castanhas em vários produtos farmacêuticos, cosméticos e de cuidados pessoais. Uma vez que o stress oxidativo desempenha um papel importante nas reacções inflamatórias e carcinogénicas, os produtos naturais das algas marinhas são utilizados como agentes anticancerígenos e anti-inflamatórios em vários medicamentos.

- No estudo realizado por Joshi et al. em 2014, foi avaliado o cultivo laboratorial de Spirulina na presença de diferentes substratos. O meio de cultura preparado em várias formulações contendo soro de queijo, urina de vaca, água da chuva e água da torneira, e o conteúdo de clorofila e proteína da biomassa produzida foi calculado. Os resultados mostraram que com o aumento do tempo de cultivo (15 dias), os factores acima referidos tiveram uma tendência crescente. O estudo também mostrou que a utilização de fontes rentáveis como meio de base, como o meio Zarrouk, para o azoto e outros parâmetros, resultou na obtenção de uma maior biomassa de algas.

- No artigo de revisão apresentado por Saranraj em 2014, foram avaliadas as características gerais e específicas da alga Spirulina. Uma dessas características foi o pigmento ficocianina, que é um pigmento solúvel em água com uma propriedade antioxidante muito forte e que também pode atuar como um eficaz eliminador de radicais livres e inibir a peroxidação de lípidos microssomais. O artigo discutiu as propriedades imunoestimuladoras e anticancerígenas da ficocianina e forneceu vários exemplos. Por exemplo, o extrato aquoso de Spirulina aumenta a produção de interferão e melhora a citotoxicidade das células assassinas naturais.

- No estudo realizado por Pradhan et al. em 2014, a atividade antibacteriana de microalgas de água doce foi avaliada analiticamente. Foi avaliado o efeito antibacteriano de extractos alcoólicos de algas como Euglena, Microcystis, Chlorella, Spirulina, Chlorococcus e Anabena, juntamente com os seus mecanismos de inibição microbiana.

- No estudo realizado por Yan et al. em 2014, foi estudado o encapsulamento da ficocianina e a avaliação de suas propriedades. O revestimento utilizado para o processo de encapsulamento foi o alginato e o quitosano, e o método utilizado foi a extrusão. Foram utilizados tratamentos individuais e combinados. Os resultados mostraram que o tamanho das partículas para a formulação combinada de alginato/quitosano/ficocianina era de 1,03 mm, enquanto que para a formulação de alginato/ficocianina era de 1,81 mm. A estabilidade da ficocianina na forma combinada de alginato e quitosano aumentou com a temperatura e as condições ácidas, mas mostrou sensibilidade a condições ligeiramente alcalinas e foi rapidamente libertada nessas condições.

- Em um estudo realizado por Machado et al. em 2014, a eficiência da nanoencapsulação de algas Spirulina usando revestimento de lipossomas foi investigada. As técnicas utilizadas neste estudo incluíram homogeneização de alta pressão e ultrassom. Os resultados mostraram que o processo de ultrassom teve uma eficiência muito elevada, aumentando o processo de nanoencapsulação em até 90%, enquanto que com o uso de homogeneização de alta pressão, esta percentagem foi de 79%. Além disso, o tamanho das partículas formadas no método homogeneizado apresentou dispersão mais uniforme em comparação com a ultrassonografia.

- No projeto Serrat (2014-2017), o pigmento ficocianina da alga Spirulina foi utilizado como corante natural em produtos lácteos. O projeto centrou-se na extração e purificação do pigmento utilizando métodos modernos como a nanofiltração e a ultrafiltração.

-Abdulrahman e Hamed Amin relataram em 2014 que uma dieta contendo 0,5% de Spirulina aumentou os índices de crescimento de alevinos de carpa comum.

- Em um estudo realizado por Sivasankari et al. em 2014, diferentes métodos de extração, incluindo liofilização, homogeneização, ultrassom, e solventes orgânicos e minerais foram utilizados em ambas as formas molhadas e secas de Spirulina. Os resultados mostraram que a massa molhada teve melhores resultados em comparação com a massa seca, e os métodos de ultrassom e liofilização foram mais eficientes e tiveram rendimentos mais elevados do que outros métodos.

- Zabodalova et al. (2014) utilizaram beta-caroteno encapsulado em lipossomas para avaliar as alterações na qualidade do leite magro. Os resultados mostraram que a estabilidade do beta-caroteno na forma encapsulada foi mantida até 15 dias a 4 °C, e a qualidade do leite foi melhorada.

- Num estudo realizado por Mezquita et al. em 2014, foi avaliada a estabilidade da astaxantina e os seus efeitos na qualidade do iogurte. Foram utilizados métodos como a colorimetria e a HPLC para avaliar a estabilidade e a concentração de astaxantina. Os resultados não mostraram alterações significativas na concentração de astaxantina no dia zero e após 28 dias de armazenamento, e o teor de gordura do iogurte não afectou a cor do pigmento.

- Mezquita et al. (2015) examinaram a estabilidade da astaxantina no leite. O produto foi armazenado a 4 °C por 7 dias, e as mudanças na cor do pigmento foram testadas a cada 24 h. Os resultados mostraram uma taxa de degradação de 0,259 %, mas a cor do produto não mudou significativamente após o final do período.

- Taksima et al. (2015) utilizaram astaxantina encapsulada em alginato e quitosana para avaliar a estabilidade e as propriedades sensoriais do pigmento no iogurte. Os resultados mostraram uma eficiência de encapsulação de 90%, e as propriedades antioxidantes da astaxantina nos ensaios DPPH e FRAP foram preservadas em mais e menos de 50%, respetivamente. Os testes sensoriais indicaram alterações aceitáveis na textura, cor, aroma e sabor (86%).

- No estudo de Agustini et al. em 2017, a Spirulina foi usada para enriquecer o iogurte. Os resultados mostraram que, a uma concentração de 1% de Spirulina, as alterações observadas em parâmetros como proteína total, viscosidade, população de bactérias do ácido lático foram melhores do que a amostra de controlo, enquanto o teor de cinzas, hidratos de carbono, humidade, gordura, ácido lático e pH não diferiram significativamente da amostra de controlo.

- No estudo de Suzery et al. (2017), foi mencionada a encapsulação de ficocianina com quitosana, e os resultados mostraram que a quitosana a uma concentração de 3% apresentou a maior eficiência de encapsulação

(60,9%) e capacidade de carga de ficocianina (22,1%), sendo as microcápsulas de forma esférica e com tamanho variando de 900-1000 μm.

- Dewi et al. (2016) utilizaram maltodextrina e carragenina (numa proporção de 9:1) para o encapsulamento de ficocianina no seu estudo. Os resultados mostraram que a encapsulação da ficocianina aumentou suas propriedades antioxidantes e a protegeu contra a oxidação, resistência ao calor e materiais bioativos, preservando o produto final contra a oxidação quando usado em revestimentos combinados, enquanto em amostras com revestimentos únicos, essas propriedades não foram tão pronunciadas.

- Dewi et al. (2017) utilizaram diferentes revestimentos, incluindo alginato e carragenina, em combinação com maltodextrina para o encapsulamento de ficocianina. O método utilizado para a secagem final foi a liofilização. Os resultados mostraram que a combinação de alginato e maltodextrina apresentou melhores resultados, estabilizando a cor azul da ficocianina em relação aos demais tratamentos, sendo o maior rendimento e eficiência de encapsulação do processo (83,9% e 35,91% respetivamente) atribuídos a este tratamento.

## Capítulo III: Metodologia

**Incluir....**

- Cultivo da microalga Spirulina
- Extração de ficocianina
- Nano-revestimento de ficocianina
- Utilização de ficocianina em gelados

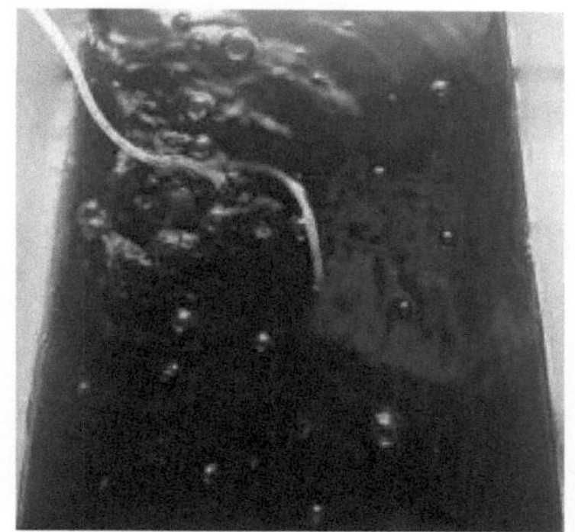

## Cultivo da microalga Spirulina

A amostra pura da alga Spirulina platensis foi preparada no Laboratório de Ficologia, Departamento de Biologia, Universidade Tarbiat Modares. Foram utilizadas diferentes composições de meio Zarrouk para o cultivo de Spirulina e, após o cultivo em escalas mais pequenas (100 e 500 ml), o cultivo final foi efectuado em volumes de 5 e 50 litros. A composição do referido meio de cultivo incluiu NaHCO3 8 g, K2HPO4 0,5 g, NaNO3 2,5 g, K2SO4 0,5 g, NaCl 2 g, MgSO4.7H2O 0,2 g, FeSO4.2H2O 0,05 g e ureia 0,2 g, e o pH foi ajustado para 8.5 Depois de as algas terem sido cultivadas e expostas a luz fluorescente com uma intensidade de lux adequada (3500 a 8000 lux) durante 12 h de escuridão e 12 h de luz, as amostras foram colocadas a 29 °C durante 16 dias. As amostras foram agitadas três vezes por dia para promover o crescimento das algas. Depois de observar o florescimento das algas, a massa celular foi recolhida utilizando peneiras de 100 e 20 mícrones, para separar as partículas maiores e a massa de algas. A massa recolhida foi lavada três vezes com água destilada estéril para reduzir os efeitos do ambiente de cultivo. Para secar as algas, as amostras foram colocadas numa estufa a 45 °C (Bahdad, Irão) durante 48 h (Figuras 7 -10) (Kamble et al., 2013; Prabakaran & Ravindran, 2013; Ghaeni et al., 1391; Murugan & Rajesh, 2014; Joshi et al., 2014; Gami et al., 2011).

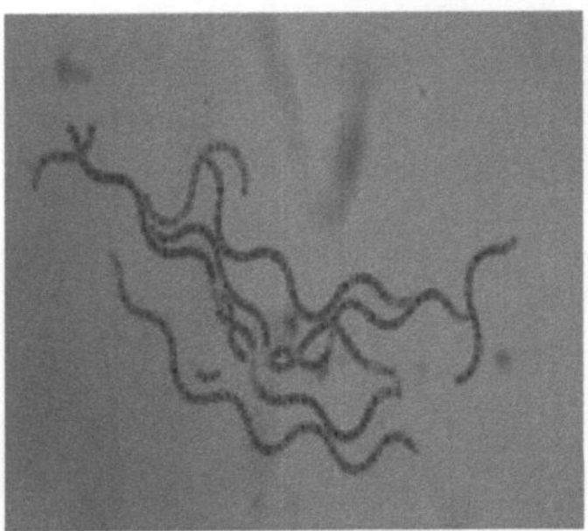

**Figura 7. Vista microscópica de Spirulina platensis**

**Figura 8. Cultivo de spirulina num frasco Erlenmeyer de 100 ml**

**Erlenmeyer de 5l frascoFigura 9. Cultivo de spirulina num**

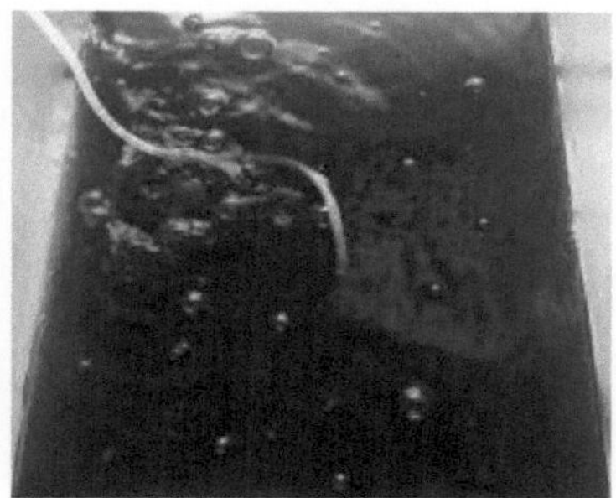

**Figura 10. Cultivo de spirulina num frasco Erlenmeyer de 50 l**

# Extração de ficocianina

Para a extração do pigmento, foram utilizados quatro métodos, incluindo ultra-sons, congelação-descongelação, enzimática e extração com solvente mineral. Inicialmente, 2 g de massa de Spirulina seca foram adicionados a 40 ml de tampão de fosfato de sódio 0,1 molar e homogeneizados para preparar uma suspensão para extração. No método de ultra-sons, a suspensão de algas foi sonicada a uma frequência de 20 kHz durante 10 min (Prabakaran & Ravindiran, 2013). No método de congelação-descongelação, a suspensão foi congelada a -20 °C durante 24 h, seguida de descongelação a 4 °C, repetida duas vezes. No método enzimático, a enzima lisozima foi utilizada para hidrolisar as algas, com uma dose de 40 mg/g de peso de algas secas (Prabakaran & Ravindiran, 2013; Kamble et al., 2013). O processo de hidrólise foi efectuado com lisozima e outros agentes durante 4 h a 44 °C. No método de tratamento ácido, foi utilizado ácido clorídrico, e a suspensão contendo ácido foi mantida à temperatura ambiente durante 24 h. Após a conclusão das etapas acima, as amostras foram centrifugadas a 10.000 rpm durante 25 min a 4 °C, e o sobrenadante (de cor azul escura) foi recolhido para medição do picnogenol (Figuras 11 -14) (Jerley e Prabu, 2015; Prabakaran & Ravindiran, 2013; Kamble et al., 2013).

**Figura 11. Amostra concentrada de ficocianina**

Figura 12. Amostra diluída de ficocianina

Figura 13. Cor da ficocianina a pH 4,5 e 5, 5

Figura 14. Extração utilizando o método de ultra-sons

## Purificação da ficocianina por purificação relativa

Para a purificação relativa da ficocianina, foi utilizado sulfato de amónio com 40% de saturação. Esta substância foi lentamente adicionada à solução contendo ficocianina e agitada durante uma hora. Após colocar a amostra contendo a mistura acima referida num local escuro a 4 °C durante 24 h, foi efectuado um processo de centrifugação a uma velocidade de g15000 durante 15 min (Figura 15). O sobrenadante incolor obtido da centrifugação foi vertido, foi adicionada uma certa quantidade de solução tampão de fosfato (pH 7) e foi mantido a 4 °C (Mary Leema et al., 2010; Patil et al., 2006; Minkova et al., 2003).

**Figura 15. Microcentrifugadora com velocidade elevada até 24000 rpm**

## Cálculo da concentração e pureza da ficocianina

Para calcular a concentração de ficocianina, a absorvância da solução nos comprimentos de onda de 620 e 652 nm foi medida, e a concentração de ficocianina em mg/ml foi calculada de acordo com a seguinte fórmula (Antelo et al., 2010; Kumar et al., 2013 e 2014).

$$\text{C-PCmg/ml} = \frac{A620 - 0.474 \times A652}{5.34}$$

C-PC mg/ml: Concentração de ficocianina (mg/ml)
A620: Absorvância no comprimento de onda de 620 nm
A652: Absorvância no comprimento de onda de 652 nm

5.34: Fator constante

Para determinar a quantidade de ficocianina em mg/g de peso seco de algas, foi utilizada a seguinte equação (Silveira et al., 2007).

$$\text{The amount of phycocyanin mg/ml dry weight} = \frac{\text{C-PC} - \text{V}}{\text{DB}}$$

$$\text{Purity of phycocyanin} = \frac{\text{OD620}}{\text{OD280}}$$

Peso seco em g/ml de ficocianina = (C-PC-V) / DB
C-PC mg/ml: Concentração de ficocianina (mg/ml)
V: Volume do solvente utilizado
DB: Peso seco das algas em gramas

Para o cálculo da pureza da ficocianina, foi também utilizada a seguinte fórmula (Liu et al., 2005; Muthulakshmi et al., 2012).

## Nano-revestimento de ficocianina

Para aumentar a estabilidade do pigmento de ficocianina, foi utilizado um método de revestimento à escala nanométrica para produzir estruturas núcleo-casca. Para este processo, foi utilizado um revestimento combinado de polissacarídeo (maltodextrina DE=20) e proteína (caseinato de sódio) numa proporção de 1:1, com uma proporção de 4:1 considerada entre os revestimentos e o núcleo. Em primeiro lugar, foi preparada uma suspensão homogénea de maltodextrina em água destilada (4 g em 50 ml) e, devido à solubilidade desta substância em água, não foi utilizado qualquer tratamento térmico. Para a preparação do segundo revestimento, preparou-se uma suspensão de caseinato de sódio em água destilada (4 g em 50 ml) e, colocando-a num agitador magnético a 45 °C durante 30 minutos, obteve-se uma suspensão homogénea. A solução contendo caseinatos (após redução da temperatura para 25 °C) foi adicionada à solução de maltodextrina e mantida a 4 °C durante 24 h para aumentar a absorção de água. Finalmente, a ficocianina (2 g), extraída por método enzimático, foi adicionada à solução que continha os revestimentos e, após dissolução, foi utilizado um dispositivo de ultra-sons com um comprimento de onda de 40 kHz durante 15 minutos e 6 ciclos (cada ciclo com uma duração de 30 segundos e um período de repouso de 15 segundos entre ciclos) para produzir nanocápsulas. Para reduzir ainda mais o tamanho das partículas e aumentar a eficiência das nanocápsulas, foi utilizado um dispositivo homogeneizador de alta velocidade (ultraturrax) a 10000 rpm durante 15 minutos. A solução resultante do processo foi congelada a -18 °C e seca utilizando um liofilizador a 0,051 mbar de pressão e -50 °C de temperatura (Figuras 16-20) (Safari et al., 2022;Yan et al., 2014; Machado et al., 2014; Charniote et al., 2015).

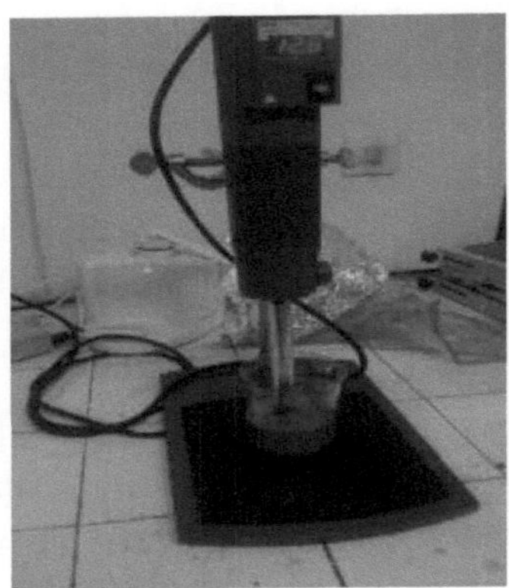

**Figura 16. Nano micro-revestimento de revestimentos e ficocianina utilizando um homogeneizador de alta velocidade**

Figura 17. Ficocianina liofilizada

Figura 18. Ficocianina diluída liofilizada

Figura 19. Spirulina concentrada liofilizada e ficocianina

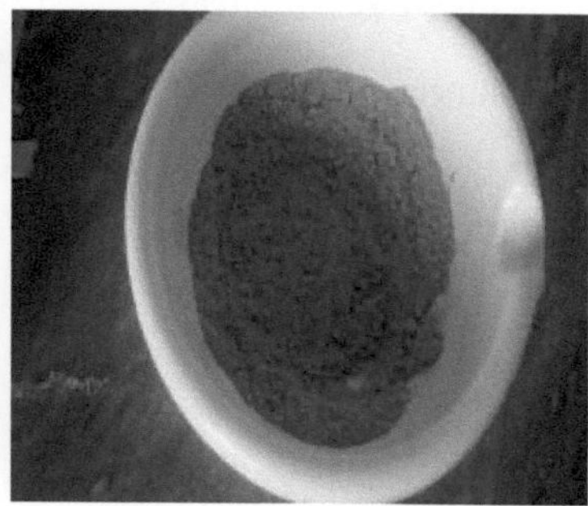

Figura 20. Ficocianina nano-revestida liofilizada

**Eficiência do processo de nano-revestimento**

Para calcular a eficiência do processo de nano-revestimento (em percentagem), foi utilizada a seguinte fórmula (Yan et al., 2014; Machado et al., 2014):

$$\frac{\textit{Amount of uncoated phycocyanin} - \textit{The amount of phycocyanin added at the beginning of the experiment}}{\text{Phycocyanin added at the beginning of the experiment}} \times 100$$

**Frequência e tamanho das cápsulas**

Para confirmar a frequência dos núcleos e revestimentos e os respectivos tamanhos, foi utilizado um analisador de tamanho de partículas baseado no método de difração a laser (Figura 21). Inicialmente, foi preparada uma suspensão primária de ficocianina nano-revestida em água destilada, e o tamanho médio das partículas foi calculado com base no diâmetro médio volumétrico usando a seguinte equação (Yan et al., 2014; Machado et al., 2014):

$$D[4,3] = \frac{\Sigma nidi^4}{\Sigma nidi^3}$$

ni: Número de partículas

di: Diâmetro médio das partículas

D: Diâmetro médio do volume (volume equivalente médio)

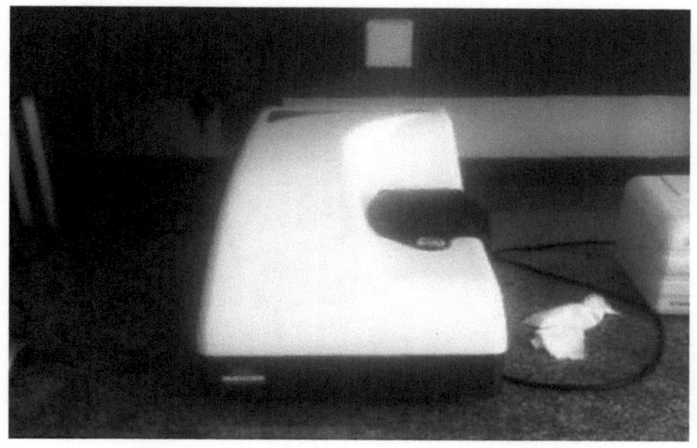

Figura 21. Dispositivo de análise granulométrica

## Análise morfológica de partículas por microscopia eletrónica de varrimento

Para confirmar o tamanho e a morfologia das partículas nanométricas, foi utilizada a microscopia eletrónica de varrimento. As amostras secas foram montadas em suportes de alumínio e revestidas com uma fina camada condutora (ouro e paládio) utilizando um instrumento de revestimento. Este procedimento foi realizado utilizando uma ferramenta chamada coater e com a ajuda de um campo elétrico e gás árgon. O aparelho de MEV utilizado foi um modelo KYKY-EM3200 fabricado na China. O aparelho funcionou com uma tensão de 26 kilovolts e a estrutura atómica foi examinada por força atómica. Para o revestimento de ouro e paládio, foi utilizado o modelo KYKY SBC-12 da China (Figuras 22 -23) (Yan et al., 2014; Machado et al., 2014).

Figura 22. Dispositivo de microscópio de varrimento

Figura 23. Dispositivo de douramento

## Investigação da libertação de ficocianina revestida com nanopartículas em condições laboratoriais

A fim de avaliar o processo de libertação e a libertação de ficocianina revestida com nanopartículas, foram inicialmente preparadas duas soluções semelhantes que se assemelham ao ácido gástrico e ao fluido neutro do intestino delgado. A primeira e a segunda soluções continham ácido clorídrico e tampão de fosfato de sódio, respetivamente, com níveis de pH ajustados entre 1,2 e 7,4. Após esta fase, foi adicionado à primeira solução um pó de ficocianina revestido com nanopartículas numa quantidade de 500 mg (100 mg de ficocianina pura como núcleo revestido com 400 mg de maltodextrina e caseinato de sódio numa proporção igual) e mantido a uma velocidade de 100 rotações por minuto a uma temperatura de 37 °C durante 2 h. Subsequentemente, o pH da solução foi aumentado para 4,7 e o processo de agitação continuou durante 4 h a uma temperatura de 37 °C e a uma velocidade de 100 rotações/min. As alterações na concentração de ficocianina libertada foram medidas a cada 60 minutos utilizando o método espetrofotométrico (Yan et al., 2014).

**Efeito de diferentes parâmetros na estabilidade do pigmento ficocianina puro e da ficocianina revestida com nanopartículas**

Para avaliar a estabilidade da ficocianina pura e da ficocianina revestida com nanopartículas, foram utilizados parâmetros como a temperatura (4, 10 e 18 °C), o pH (4,5, 5,5 e 7) e o tempo (15, 30 e 45 dias). Foi utilizado um desenho experimental fatorial para avaliar a relação mútua entre as várias variáveis e o seu impacto na estabilidade da ficocianina. Os efeitos da luz e da escuridão nas alterações da concentração de ficocianina (pura e revestida com nanopartículas) foram avaliados após a preparação das concentrações desejadas, com as amostras da primeira série colocadas sob um exaustor laminar equipado com duas lâmpadas fluorescentes de 40 watts e as amostras da segunda série inicialmente cobertas com folha de alumínio e mantidas num local escuro. Para a avaliação das alterações da ficocianina foram considerados períodos de tempo de 15, 30 e 45 dias a níveis de pH de 5,4, 5,5 e 7. Em cada fase da experiência, após a preparação da suspensão de ficocianina em tampão fosfato de sódio e da solução inicial de corante, a sua quantidade quantitativa foi determinada utilizando um espetrofotómetro (Safari e Reyhani Poul, 2023; Danesi et al., 2010; Muthulakshmi et al., 2012; Prabakaran & Ravindran, 2013).

**Avaliação das propriedades antioxidantes da ficocianina**

Para investigar as propriedades antioxidantes da ficocianina pura e revestida com nanopartículas, foram utilizados três indicadores, incluindo a atividade de eliminação do radical DPPH, o poder redutor do ião férrico (FRAP) e a atividade quelante de metais. As concentrações de 200 e 500 µg/ml de ficocianina foram comparadas com dois antioxidantes sintéticos, o hidroxitolueno butilado (BHT) e o hidroxianisol butilado (BHA), a uma concentração de 200 ppm após a preparação das substâncias e dos padrões em cada método. As propriedades antioxidantes foram avaliadas nos períodos de 0 e 60 dias para determinar o impacto do tempo no poder antioxidante da ficocianina pura e revestida com nanopartículas. Os resultados das propriedades antioxidantes da ficocianina foram comparados com dois antioxidantes artificiais, BHT e BHA (200 ppm) (Jerley e Prabu, 2015).

### Atividade de eliminação do radical DPPH

Para a medição deste indicador, foi preparada uma solução-mãe inicial de referência DPPH adicionando 23,5 mg da referência a 100 ml de etanol a 99% e colocando-a a uma temperatura de 4 °C. Na etapa seguinte, 100 µl de ficocianina pura foram diluídos para 3,9 ml e 500 µl de solução de ficocianina revestida com nanopartículas foram diluídos para 5,3 ml de uma solução de referência DPPH (diluição 1:10) separadamente e a solução resultante foi homogeneizada e colocada num local escuro durante 30 minutos a uma velocidade elevada. O branco utilizado consistiu em 100 µl de ficocianina e 500 µl de ficocianina revestida com nanopartículas em 3,9 e 3,5 ml de etanol a 99%, respetivamente. Na fase final da experiência, o comprimento de onda da solução preparada foi lido utilizando um espetrofotómetro no intervalo de 517 nm e a percentagem de inibição de DPPH foi calculada utilizando a fórmula (Jerley e Prabu, 2015).

$$(\%)\ \textit{DPPH radical scavenging power by phycocyanin} = \frac{\textit{Control absorption} - \textit{Sample absorption}}{\textit{Control absorption}} \times 100$$

### Poder redutor do ferro trivalente (FRAP)

A capacidade de quelação do ferro foi determinada utilizando o ensaio de poder antioxidante redutor férrico (FRAP) com base no método de Zhou et al. (2002) com ligeiras modificações. Nesta experiência, 0,5 ml de solução de ficocianina foi misturado com 2,5 ml de tampão fosfato 0,2 M (pH 6,6) e 2,5 ml de ferricianeto de potássio a 1%, e incubado a 50 °C durante 20 min, seguido de posicionamento à temperatura do laboratório. Subsequentemente, foram adicionados à mistura 2,5 ml de ácido tricloroacético a 10% e 2,5 ml de cloreto férrico a 1,0% e incubados durante 5 minutos à temperatura do laboratório. Na fase final do ensaio, 2,5 ml das soluções resultantes foram misturados com 2,5 ml de água destilada e a absorvância foi medida a 700 nm. O poder quelante do ferro foi expresso em ΔOD /mg de peso seco, sendo a unidade mg TAE por grama de peso seco. Para avaliar o poder quelante do ferro das nanopartículas de ficocianina, o procedimento de ensaio foi semelhante ao da ficocianina pura, mas com uma proporção de 5 vezes dos materiais utilizados para manter a proporção desejada de revestimentos e núcleos.

### Atividade quelante de metais

A avaliação da atividade quelante de metais da ficocianina foi realizada de acordo com o método de Esmaeili et al. (2016). Foram adicionados 150 µl de sulfato de ferro 500 micromolar à mistura de reação constituída por 168 µl de ácido clorídrico tris 0,1 M (pH 4,7) e 218 µl de ficocianina. A mistura foi incubada à temperatura ambiente durante 5 minutos, seguida da adição de 13 µl de ferrozina a 0,25%. A atividade quelante de metais da ficocianina foi calculada através da absorção ótica da amostra de controlo ou branco (contendo ião férrico) e da amostra original (mistura de ião férrico e ficocianina) com base na fórmula fornecida. Para a avaliação da atividade quelante de metais das nanopartículas de ficocianina, foi considerada uma relação de 5 vezes entre os materiais utilizados.

$$(\%) Metal\ chelating\ activity = \frac{Control\ absorption - Sample\ absorption}{Control\ absorption} \times 100$$

### Avaliação da atividade antibacteriana da ficocianina

Foram preparados frascos liofilizados de três bactérias, Escherichia coli PTCC 1330, Staphylococcus aureus PTCC 1113, Listeria monocytogenes

PTCC 1165, obtidas da Iran Scientific and Industrial Research Organization, e duas bactérias Yersinia ruckeri e Streptococcus iniae obtidas do Caspian Sea Ecology Research Center. O primeiro grupo de bactérias são agentes patogénicos e oportunistas que podem causar várias doenças, tais como intoxicação alimentar, quando transmitidas aos alimentos através de contaminação secundária. O segundo grupo de bactérias é patogénico para os peixes e foi isolado de trutas arco-íris doentes. As bactérias foram preparadas utilizando caldo Brain Heart Infusion e, após a cultura inicial, as amostras foram incubadas a 35 e 30 °C durante 18 h para o primeiro e segundo grupos de bactérias, respetivamente. Para obter o sedimento bacteriano, os meios de cultura contendo a suspensão bacteriana foram centrifugados a 5000 rpm durante 15 min e, após remoção do sobrenadante e adição de tampão fosfato ao sedimento restante, o processo de centrifugação foi repetido duas vezes, utilizando tampão fosfato em cada passo para remover os efeitos do caldo inicial. O tampão fosfato foi adicionado ao sedimento remanescente e comparado com um tubo padronizado de 0,5 McFarland (equivalente a 1,5 $\times 10^8$ unidades formadoras de colónias por mililitro) e, finalmente, após a diluição das amostras, $1 \times 10^8$ CFU/mL foram utilizadas para outras experiências (Sarada et al., 2011; Safari et al., 2020).

## Avaliação dos efeitos antibacterianos utilizando o método de difusão em ágar

Para este método, uma suspensão preparada a partir de bactérias foi cultivada à superfície em meio de ágar Mueller-Hinton, depois foram inseridos poços com um diâmetro de 6 mm na superfície do meio e foram transferidos para os poços 50 µl de concentrações de 50, 100, 200, 400 e 500 µg/ml de ficocianina, de modo a que a concentração final, tendo em conta os 50 µl transferidos, atingisse 2,5, 5, 10, 20 e 25 mg/ml, respetivamente. As amostras foram incubadas numa estufa a uma temperatura de 35 e 30 °C durante 24 h, após o que as zonas de inibição à volta dos poços foram medidas com uma régua e registadas em µl. A água destilada foi utilizada como amostra de controlo negativo e a tetraciclina (30 mg) e a amicacina (30 mg) foram utilizadas como controlos positivos para bactérias gram-negativas e gram-positivas, respetivamente, juntamente com a doxiciclina (30 mg) para ambos os grupos bacterianos (Safari et al., 2022; Zgoda e Porter, 2000; Khezri et al., 2016; Sitohy et al., 2015).

## Investigação dos efeitos antibacterianos utilizando o método de teste de microdiluição

Neste método, a Concentração Inibitória Mínima (CIM) e a Concentração Bactericida Mínima (CBM) da ficocianina foram determinadas utilizando diluições em tubos de ensaio. As concentrações de ficocianina utilizadas foram as mesmas que no método anterior, 50, 100, 200, 400 e 500 µg/mg, juntamente com um mililitro de caldo de infusão de cérebro-coração adicionado aos tubos de ensaio. No passo seguinte, foram adicionados aos tubos 100 µl de culturas bacterianas de 24 horas e depois incubados a temperaturas de 30 e 37 °C. Para avaliar as alterações, mediu-se a absorção ótica das amostras a um comprimento de onda de 600 nm. A água destilada e a doxiciclina foram utilizadas como controlos negativo e positivo, respetivamente. A suspensão de micróbios com a absorção ótica mais baixa foi determinada como a CIM, e a suspensão que não apresentou crescimento de colónias após 24 horas de cultura foi determinada como a CBM (Zgoda e Porter, 2000; Khezri et al., 2016; Sitohy et al., 2015).

## Utilização de ficocianina em gelados

Para avaliar o efeito da ficocianina nas propriedades de qualidade do sorvete, 100 µg/ml para a forma pura e 500 µg/ml para a forma nanoencapsulada foram adicionados à mistura de sorvete (antes do congelamento). A seleção destas concentrações baseou-se em testes preliminares e em estudos sobre a utilização de pigmentos de algas em produtos alimentares (Kumar et al., 2015; Gobbi et al., 2015).

## Preparação de gelados

O gelado foi preparado com base nas normas 52 e 2450, utilizando o método alcalino e Arrisier (2008). Os ingredientes utilizados foram 28% de natas, 16% de açúcar, 5,5% de leite seco magro, 0,4% de estabilizador (goma de alfarroba), 0,1% de baunilha e 50% de leite fresco (1,5% de gordura). Após a pesagem das matérias-primas, o leite foi aquecido a 40-45 °C, depois o leite e as natas foram misturados utilizando uma batedeira manual durante 1 minuto até ficarem homogéneos, e depois os outros ingredientes (açúcar, leite em pó seco e goma de alfarroba) foram adicionados à mistura e misturados com uma batedeira mecânica durante 5 minutos. A mistura resultante foi pasteurizada a 70 °C durante 30 min e, em seguida, arrefecida com um agente de arrefecimento (gelo e água salgada) a 5 °C, seguido de envelhecimento a 4-6 °C durante 24 h. O corante ficocianina (livre e nanoencapsulado), juntamente com outros ingredientes aromatizantes como a baunilha, foram adicionados à mistura e esta foi congelada numa máquina de fazer gelados continuamente durante 30 min a -4 °C, sendo depois o gelado embalado em recipientes de plástico com tampas de polietileno. O produto produzido foi colocado a -18 °C durante 24 h para a fase de endurecimento.

**Avaliação da qualidade do gelado produzido**

**pH**

A medição do pH na mistura foi efectuada utilizando um medidor de pH digital a uma temperatura de 25 °C (Mahdian et al., 2013).

**Viscosidade**

A viscosidade da mistura foi medida utilizando um viscosímetro rotacional Brookfield modelo +Pro DV-II a uma temperatura de 5 °C, que foi mantida constante utilizando uma mistura de água e gelo durante 60 segundos na mistura de gelado com um volume de 600 mg utilizando o fuso L4 a uma velocidade de 50 rotações por minuto (Amiri e Ahmadi, 2014).

**Rácio de expansão do volume**

A expansão do volume foi medida utilizando um método de peso, comparando um volume específico da mistura de gelado antes da congelação (M1) e depois da congelação (M2), e calculando a diferença percentual utilizando a seguinte fórmula (Marshall e Arbuckle, 1996).

$$(\%)\text{Volume Expansion Ratio} = \frac{M_1 - M_2}{M_2} \times 100$$

## Textura Firmeza

Para determinar a firmeza das amostras com um diâmetro de 50 mm após a fase de endurecimento, foi efectuada uma análise da textura utilizando uma sonda cilíndrica de 5 milímetros, a uma velocidade de fluxo de 1 milímetro por segundo, com uma profundidade de penetração de 10 mm (Soukoulis et al., 2010).

## Taxa de fusão

Amostras de gelado de 30 g foram colocadas numa placa metálica de rede a uma temperatura de 25 °C dentro de uma incubadora, e o peso do gelado derretido como percentagem da amostra original foi medido após 40 min (Pon et al., 2015).

## Testes sensoriais

A avaliação sensorial do gelado contendo ficocianina pura e corantes nanoencapsulados foi realizada aos 15, 30 e 45 dias de armazenamento a -18 °C utilizando um teste hedónico de 5 pontos por 5 avaliadores treinados. Os atributos avaliados incluíram cor, sabor, intensidade de frio, intensidade de gomosidade, firmeza, intensidade de cristais e velocidade de fusão (Hettiarachchi et al., 2015, Saranraj e Sivasakthi, 2014, Gouveia et al., 2008).

A base da avaliação sensorial no método de avaliação é a seguinte:

**Frieza:** sensação de frio entre a língua e o céu da boca enquanto o gelado derrete (maior sensação de frio: menor pontuação).

**Firmeza:** a pressão exercida no céu da boca durante a ingestão da amostra (quanto maior a força exercida, menor a pontuação).

**Intensidade dos cristais:** relacionada com a presença de cristais de gelo entre a língua e o céu da boca imediatamente após a colocação da amostra na boca (quanto mais suave for a amostra e menor for a sensação de cristais: pontuação mais elevada).

**Gomosidade:** sensação de uma textura gomosa na língua depois de engolir a amostra (quanto maior a sensação de gomosidade, menor a pontuação).

**Velocidade de fusão:** a velocidade a que a amostra derrete depois de ser pressionada entre o palato e a língua (velocidade de fusão mais lenta: pontuação mais elevada).

**Análise de dados**

O software utilizado para a análise dos dados foi o SPSS - versão 18, e para avaliar o crescimento das algas, os índices dos métodos de extração, a concentração, a pureza da ficocianina, as propriedades antioxidantes e as experiências com gelados foram analisados através de um teste de análise de variância one-way. Para avaliar os efeitos do pH, da temperatura e do tempo na concentração de ficocianina pura e nanocolada, foi realizada uma experiência fatorial num desenho completamente aleatório com três níveis de pH (4,5, 5,5 e 10), temperatura (10, 4 e 10 ºC) e tempo (15, 30 e 45 dias) com 2 réplicas, totalizando 108 amostras. Para avaliar os efeitos da luz e da escuridão na estabilidade da ficocianina pura e da ficocianina nanocolada, foi realizada uma experiência fatorial num desenho completamente aleatório com dois níveis de luz (claro e escuro), três níveis de pH (4.Para avaliar as propriedades antimicrobianas da ficocianina, foi efectuado um teste de análise de variância de duas vias com 5 (bactérias), 2 (tempo), 2 (forma de ficocianina), 6 (concentração de ficocianina) e 2 (réplicas) num total de 240 amostras. O teste de intervalo múltiplo de Duncan foi utilizado para comparar as médias a um nível de significância de 0,05.

**Capítulo IV: Resultados**

Incluir....

- Avaliação do crescimento das algas
- Método de distribuição em Agar
- Método de diluição no tubo

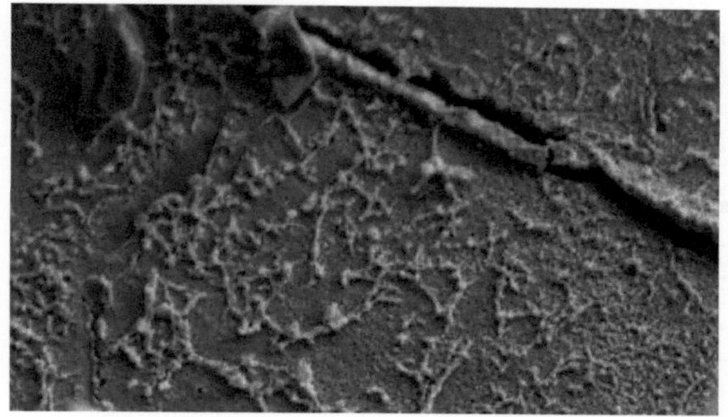

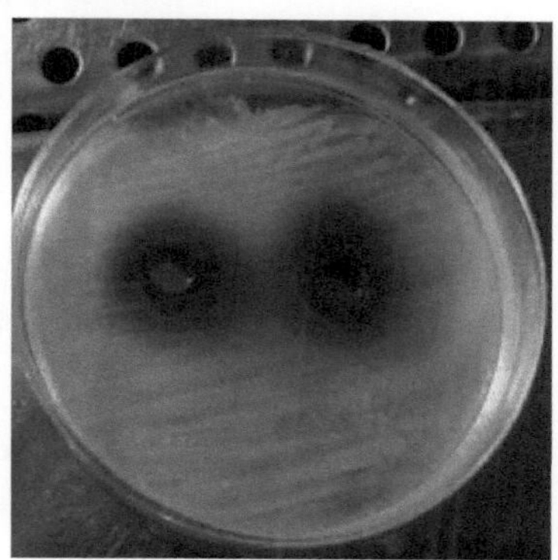

## Avaliação do crescimento das algas

As alterações no crescimento e na produção de biomassa das células de Spirulina são apresentadas na Tabela 12. Os resultados indicam que o crescimento do dia 0 ao 14 foi ascendente e as alterações obtidas foram significativas em todos os momentos, exceto nos dias 14 e 16 ($p<0,05$). Os resultados da avaliação das alterações de crescimento mostram que, após uma curta fase estacionária (2 dias), as algas entraram na fase de crescimento logarítmico e continuaram a crescer até ao dia 14. Entre os dias 14 e 16, o crescimento quase estabilizou e entrou na fase de crescimento estacionário. A absorção de luz das algas a um comprimento de onda de 540 nm aumentou de 0,07 nm no dia 0 para 3,52 nm no dia 14, mudando a cor do ambiente de cultura de verde brilhante para verde escuro, indicando um futuro crescimento das algas. Sob observação microscópica, foi observada uma abundância de fios de algas helicoidais regulares em movimento. A massa seca de algas após o final do período de cultivo (16 dias), após os processos de solidificação, lavagem e secagem, foi de 1120 mg/l.

**Tabela 12. Alterações na absorção de luz da alga Spirulina platensis em diferentes alturas**

| hora (dia) | Absorção de luz das algas num comprimento de onda de 540 nm |
|---|---|
| Zero | 0.09±0.002 h |
| 2 | 0.21±0.014 g |
| 4 | 0.44±0.01 f |
| 6 | 0.83±0.02 e |
| 8 | 1.215±0.02 d |
| 10 | 1.71±0.05 c |
| 12 | 2.165±0.09 b |
| 14 | 2.325±0.077 a |
| 16 | 2.35±0.044 a |

**Letras diferentes indicam diferenças significativas entre os dados. Repetição da amostra = 3**

## Comparação da concentração e pureza da ficocianina em diferentes métodos de extração

Os resultados da concentração e pureza da ficocianina utilizando os métodos ultrassónico, de congelação e descongelação, enzimático e de solventes minerais são apresentados no Quadro 13. Os resultados indicam que os métodos de extração enzimática e de ultra-sons apresentaram a maior eficiência, seguidos dos métodos de congelação e descongelação e dos solventes minerais. A diferença na concentração de ficocianina em alguns casos foi significativa ($p<0,05$). Os resultados de pureza inicial da ficocianina (antes do tratamento com sulfato de amónio) nos métodos utilizados não revelaram diferenças significativas entre os dados.

**Tabela 13. Comparação da concentração de ficocianina em diferentes métodos de extração**

| Tipo de método de extração | Concentração de ficocianina (mg/ml) | Pureza (A620/A280) |
|---|---|---|
| Lisozima | 1.815± 0.06 [a] | 0.825 ± 0.04 [a] |
| ultrassom | 1.786 ± 0.02 [a] | 0.821 ± 0.01 [a] |
| Congelação e descongelação | 1.535 ±0.03[b] | 0.823± 0.02 [a] |
| Ácido clorídrico | 1.121± 0.05 [c] | 0.820 ± 0.02 [a] |

Letras diferentes em cada coluna indicam diferenças significativas entre os dados.
Para cada método de extração. Repetição de amostras = 3

## Purificação com sulfato de amónio

A purificação relativa dos extractos obtidos foi feita com sulfato de amónio a 40%, cujos resultados são apresentados na Tabela 14. Após a utilização desta substância, para além de aumentar a concentração de ficocianina, a sua pureza também melhorou, tendo sido observada uma relação significativa entre a concentração de ficocianina em alguns tratamentos ($p<0,05$).

**Tabela 14. Concentração e grau de pureza da ficocianina nos tratamentos purificados com sulfato de amónio**

| Tipo de método de extração | Concentração de ficocianina (mg/ml) | Pureza (A620/A280) |
|---|---|---|
| Lisozima | 3.751 ± 0.05 a | 1.135 ± 0.08 a |
| ultrassom | 3.720 ± 0.07a | 1.131 ± 0.05 a |
| Congelação e descongelação | 705.3 ± 0.02 b | 1.132 ± 0.03 a |
| Ácido clorídrico | 3.523 ± 0.08 c | 1.128 ± 0.04 a |

Letras diferentes em cada coluna indicam diferenças significativas entre os dados.
Para cada método de extração. Repetição de amostras = 3

## Características da ficocianina nano-microencapsulada

Os resultados dos testes relacionados com a eficiência do processo e o tamanho médio da ficocianina nanoencapsulada são apresentados na Tabela 15. A eficiência da ficocianina nanoencapsulada foi de 73,41%, indicando a elevada eficiência deste método no encapsulamento da ficocianina. Os resultados do tamanho e da densidade das partículas de ficocianina e dos revestimentos utilizados no processo de nanoencapsulação são apresentados na Figura 4-4. De acordo com a Tabela e a Figura 24, o tamanho dos revestimentos contendo ficocianina era de 397,1 nm. Na Figura 24, são apresentados três picos completamente separados, sendo que o pico 1 representa a ficocianina nanoencapsulada com maltodextrina e caseinatos de sódio, com tamanhos e densidades de 381,7 nm e 73,3%, respetivamente, e a densidade mais elevada, indicando uma elevada percentagem de ficocianina corretamente encapsulada. O pico 2 representa a ficocianina livre, embora o seu tamanho esteja na gama dos nanómetros (86,65 nm), mas não está rodeada por um revestimento. A densidade desta forma de ficocianina é de 21,4%. De facto, este pico representa nanopartículas de ficocianina. O pico 3 refere-se a partículas com tamanhos da ordem dos µm, que apresentam resíduos que não foram afectados pelo nanoencapsulamento. O tamanho médio destas partículas é de 5,411 µm e a sua densidade é de 5,2%.

**Quadro 15 Eficiência de microencapsulação e tamanho médio da ficocianina com igual proporção de maltodextrina e caseinato de sódio**

| eficiência do micro-revestimento (%) | Tamanho médio da ficocianina nano-microencapsulada (nm) |
|---|---|
| 397.1±96.11 | 73.41±2.11 |

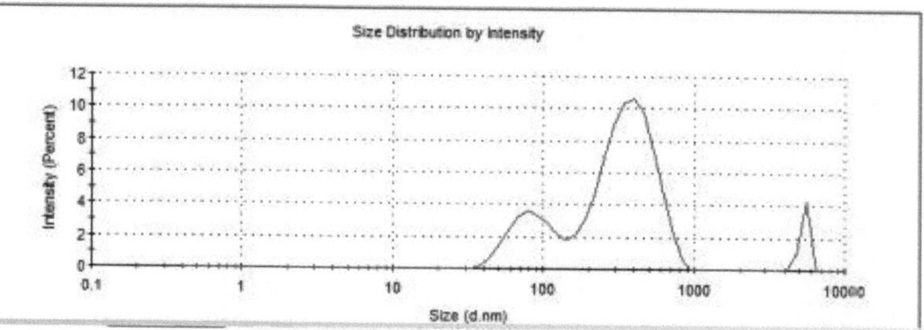


**Figura 24. Resultados da medição do tamanho da nanofucosianina após o revestimento com um medidor de partículas**

A forma morfológica da nanofucosianina revestida, preparada com microscopia eletrónica de varrimento, é mostrada nas figuras 25-28. De acordo com as figuras mencionadas, as nanopartículas revestidas estão dispersas em vários tamanhos sob expansão microscópica, de modo que são observáveis partículas de diferentes tamanhos (variando de 51,4 nm a 221,2 nm de diâmetro).

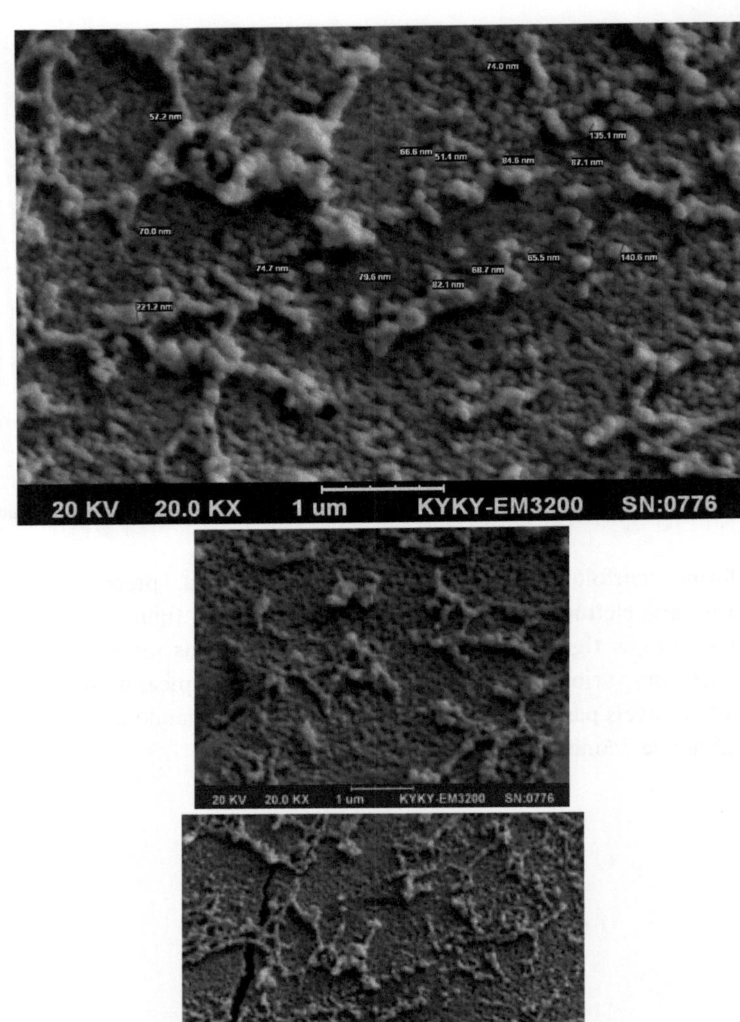
74.0 nm
57.2 nm
135.1 nm
66.6 nm
51.4 nm
84.6 nm
87.1 nm
70.0 nm
65.5 nm
140.6 nm
74.7 nm
68.7 nm
79.6 nm
82.1 nm
221.2 nm
20 KV 20.0 KX 1 um KYKY-EM3200 SN:0776
20 KV 20.0 KX 1 um KYKY-EM3200 SN:0776

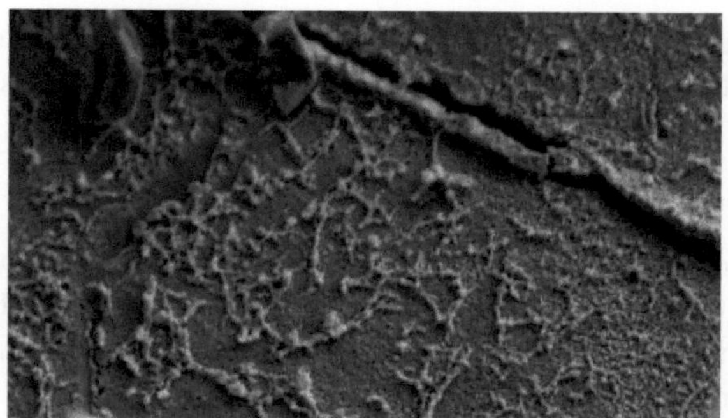

**Figura 25-28. Distribuição da ficocianina nanoencapsulada com diferentes tamanhos foi observada ao microscópio eletrónico de varrimento**

A libertação de ficocianina nanoencapsulada em soluções gástricas simuladas (pH=1,2) e do intestino delgado (pH=7,4) é apresentada na tabela 4-5. A pH=1,2, a percentagem de libertação de ficocianina foi baixa (primeiras 2 h), variando entre 7 e 13 % de flutuação. No entanto, após esta fase (a pH=7,4), a percentagem de libertação aumentou significativamente (segundas 4 h) e atingiu 35 a 71 % em 3 e 4 h. Após esta fase, a libertação de ficocianina manteve-se constante. A libertação de ficocianina nas primeiras horas foi significativamente diferente de 4 a 6 horas (p <0,05) (Figura 29).

**Tabela 29. Percentagem de libertação da nanofisocianina microencapsulada em amostras simuladas**
**soluções para problemas gástricos e intestinais**

| pH | tempo (h) | Percentagem de libertação de ficocianina |
|---|---|---|
| 1.2 | 1 | 7.41 ± 0.55 d |
| | 2 | 13.52 ±1.11 c |
| 7.4 | 3 | 35.20 ±1.45 b |
| | 4 | 71.19 ±2.07 a |
| | 5 | 70.35 ± 2.13 a |
| | 6 | 68.25 ± 1.32 a |

Letras diferentes em cada coluna indicam uma diferença significativa entre os dados (p<0,05).
Repetição da amostra = 3

## O impacto de vários parâmetros na estabilidade da ficocianina

Para avaliar o efeito dos parâmetros ambientais na estabilidade da ficocianina em duas formas puras e nanoencapsuladas, foram utilizados três factores de temperatura (-10, 4 e 10 °C), pH (4,5, 5,5 e 7) e tempo (15, 30 e 45 dias), e as alterações na sua concentração foram examinadas utilizando o método espetrofotométrico.

## O efeito dos factores na concentração de ficocianina pura

Os resultados das alterações na ficocianina são apresentados nos quadros 4-6 a 4-8. Os resultados indicam que o efeito da temperatura, pH e tempo individualmente e as suas interacções (exceto a relação entre pH e temperatura) tiveram um efeito significativo na concentração de ficocianina ($p < 0,05$). Embora a intensidade da cor da solução contendo ficocianina a pH 5,5 e 7 seja maior do que a pH 4,5, a sua estabilidade é maior a pH 4,5 e 7. Em geral, a concentração de ficocianina diminuiu com o aumento do tempo de armazenamento, mas esta tendência foi mais pronunciada a 10 °C em comparação com 4 e -18 °C. A estabilidade da ficocianina a -18 e 4 °C nos três níveis de pH testados foi 4,5 >7>5,5, com diferenças significativas em alguns casos. A concentração de ficocianina a 10 °C a pH 5,5 diminuiu significativamente com o aumento do tempo de armazenamento, de modo que, no dia 30, a cor azul da ficocianina desapareceu, mas as alterações em pH 4,5 e 7 foram menos pronunciadas, no entanto, não foi observada uma relação significativa entre pH e tempo. Os resultados mostraram uma interação significativa entre a temperatura total, o tempo e o pH na estabilidade da ficocianina, indicando que as alterações em cada uma destas variáveis estão diretamente relacionadas com outro parâmetro que, em última análise, afecta a concentração e a estabilidade da ficocianina (Quadro 30-32) (Figuras 16 -18).

**Tabela 30. Alterações na concentração de ficocianina em diferentes temperaturas, tempos e pH em termos de mg/ml**

| bloco | Tempo | temperatura | pH | quantidade de ficocianina (mg/ml) |
|---|---|---|---|---|
| 1[1] | 15 | 4 | 4.5 | 1.516 ± 0.04 d |
| 2[1] | 15 | 10 | 4.5 | 1.211 ±0.03f |
| 3[1] | 15 | -18 | 4.5 | 1.834 ± 0.07 a |
| 4[1] | 30 | 4 | 4.5 | 1.254 ± 0.05 f |
| 5[1] | 30 | 10 | 4.5 | 0.675 ± 0.02 j |
| 6[1] | 30 | -18 | 4.5 | 1.617 ± 0.05c |
| 7[1] | 45 | 4 | 4.5 | 0.944 ± 0.04 h |
| 8[1] | 45 | 10 | 4.5 | 0.422±0.04k |
| 9[1] | 45 | -18 | 4.5 | 1.520 ± 0.07 d |

| | | | | |
|---|---|---|---|---|
| $1^2$ | 15 | 4 | 5.5 | 1.465 ±0.03 e |
| $2^2$ | 15 | 10 | 5.5 | 0.0 744±.02 i |
| $3^2$ | 15 | -18 | 5.5 | 1.723 ±0.06 b |
| $4^2$ | 30 | 4 | 5.5 | 1.211 ±0.04 f |
| $5^2$ | 30 | 10 | 5.5 | 0.00±0.000 m |
| $6^2$ | 30 | -18 | 5.5 | 1.578 ± 0.03d |
| $7^2$ | 45 | 4 | 5.5 | 0.815 ±0.05 h |
| $8^2$ | 45 | 10 | 5.5 | 0.00±0.000 m |
| $9^2$ | 45 | -18 | 5.5 | 1.420±0.04 e |
| $1^3$ | 15 | 4 | 7 | 1.498±0.03 e |
| $2^3$ | 15 | 10 | 7 | 0.03 ± 1.117g |
| $3^3$ | 15 | -18 | 7 | 1.791 ±0.09 b |
| $4^3$ | 30 | 4 | 7 | 1.225 ± 0.03 f |
| $5^3$ | 30 | 10 | 7 | 0.456 ±0.06 e |
| $6^3$ | 30 | -18 | 7 | 1.595 ± 0.02 d |
| $7^3$ | 45 | 4 | 7 | 0.912 ±0.02 h |
| $8^3$ | 45 | 10 | 7 | 0.321 ± 0.07 l |
| $9^3$ | 45 | -18 | 7 | 1. 487±0.02 e |

Letras diferentes indicam diferenças significativas entre os dados (p>0,05).

**Tabela 31. Resultados dos efeitos mútuos do tempo, da temperatura e do pH na estabilidade da ficocianina**

| **Fontes de alterações** | **Graus de liberdade** | **média dos quadrados** |
|---|---|---|
| Modelo corrigido | 26 | ****8580. |
| Interceção | 1 | 102.399** |
| Tempo | 2 | 2.187** |
| temperatura | 2 | 7.854** |
| pH | 1 | 0.362** |
| Tempo × temperatura | 4 | 0.200** |
| Tempo × pH | 4 | $0.001^{ns}$ |
| Temperatura × pH | 4 | 0.161** |
| Tempo × Temperatura × pH | 8 | 0.008** |
| erro | 54 | 0.001 |
| Total | 81 | - |
| Total corrigido | 80 | - |

** diferença significativa ao nível de 5% e ns é diferença não significativa.

**Tabela 32. Concentração média de ficocianina pura em função dos factores tempo, temperatura e pH**

| **Fator** | **nível** | **Concentração de ficocianina (mg/ml)** |
|---|---|---|
| Hora (dia) | 15 | 1.432 a |
| | 30 | 1.069 b |
| | 45 | 0.871 c |
| Temperatura (°C) | 4 | 1.203 b |
| | 10 | 0.549 c |
| | -18 | 1.619 a |

| | | |
|---|---|---|
| pH | 4.5 | 1.221 a |
| | 5.5 | 0.996 c |
| | 10 | 1.155 b |

Letras diferentes na coluna para cada um dos factores indicam uma diferença significativa entre os dados ($p<0,05$).

**Figura 16- ure ficocianina após 30 dias de armazenamento a 4°C**

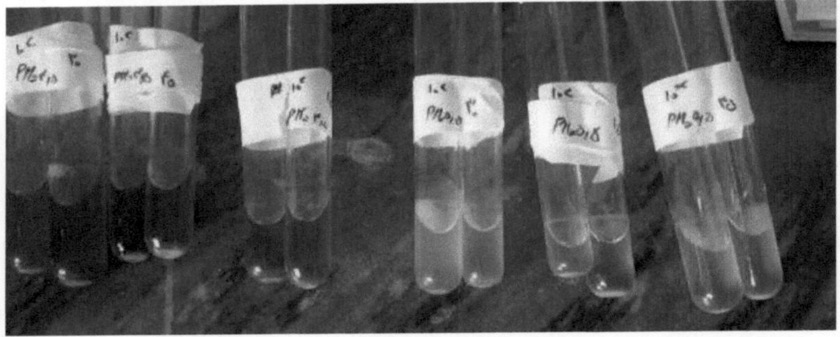

**Figura17- Ficocianina pura após 30 dias de armazenamento a 10°C**

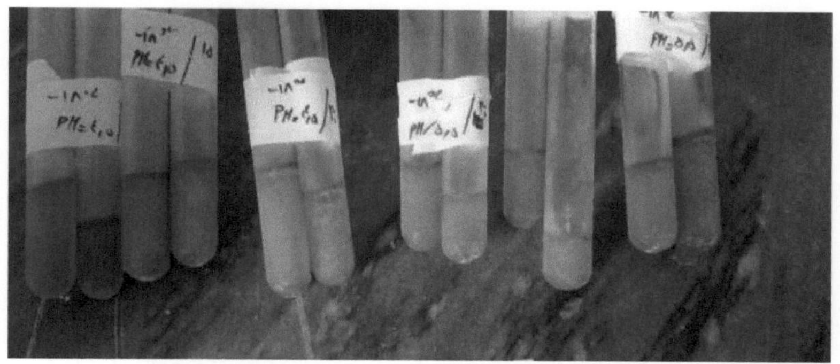

Figura 18- Ficocianina pura após 30 dias de armazenamento a -18°C

## O efeito dos factores em estudo na concentração de ficocianina nanoencapsulada

Os resultados das alterações na ficocianina nanoencapsulada são apresentados nos quadros 33-35. Os resultados indicam que o efeito da temperatura, do pH e do tempo individualmente, bem como os seus efeitos interactivos (exceto a relação entre o pH e a temperatura e as alterações mútuas dos três factores entre si), foram significativos na concentração de ficocianina ($p<0,05$). O intervalo de alterações na concentração de ficocianina nos intervalos de tempo, temperatura e pH seleccionados foi de 1,703-1,730, 1,630-1,792 e 1,703-1,730 mg/ml, respetivamente, com as menores e maiores alterações observadas no tempo de 15 dias, temperatura de -18 °C e pH de 7, e no tempo de 45 dias, temperatura de 10 ºC e pH de 5,5, respetivamente. Os resultados mostram que as alterações na concentração de ficocianina na forma nanoencapsulada em relação à sua forma pura foram muito pequenas, porém, mesmo assim, as alterações parciais desta forma de ficocianina sob diferentes temperaturas ($p<0,05$).

**Tabela 33. Alterações na concentração de ficocianina nano-microencapsulada em diferentes temperaturas, tempos e pH em termos de mg/ml**

| bloco | Tempo | temperatura | pH | quantidade de ficocianina (mg/ml) |
|---|---|---|---|---|
| $1^1$ | 15 | 4 | 4.5 | 1,809 ± 0,008 de |
| $2^1$ | 15 | 10 | 4.5 | 1.751 ±0.013h |
| $3^1$ | 15 | -18 | 4.5 | 1.840 ± 0.005 a |
| $4^1$ | 30 | 4 | 4.5 | 1.743 ± 0.020 i |
| $5^1$ | 30 | 10 | 4.5 | 1.631 ± 0.007 p |
| $6^1$ | 30 | -18 | 4.5 | 1.827 ± 0.003c |
| $7^1$ | 45 | 4 | 4.5 | 1.672 ± 0.010 m |
| $8^1$ | 45 | 10 | 4.5 | 1.549±0.012 s |
| $9^1$ | 45 | -18 | 4.5 | 1.745 ± 0.009 i |
| $1^2$ | 15 | 4 | 5.5 | 1.796 ±0.012 f |
| $2^2$ | 15 | 10 | 5.5 | 1.0 747±.005 i |
| $3^2$ | 15 | -18 | 5.5 | 1.816 ±0.004 b |
| $4^2$ | 30 | 4 | 5.5 | 1.719 ±0.007 l |
| $5^2$ | 30 | 10 | 5.5 | 1.576±0.005 r |
| $6^2$ | 30 | -18 | 5.5 | 1.796 ± 0.011f |
| $7^2$ | 45 | 4 | 5.5 | 1.644 ±0.009 o |
| $8^2$ | 45 | 10 | 5.5 | 1.516±0.004 t |
| $9^2$ | 45 | -18 | 5.5 | 1.719±0.007 l |
| $1^3$ | 15 | 4 | 7 | 1,809±0,004 de |
| $2^3$ | 15 | 10 | 7 | 1.765 ± 0.006g |
| $3^3$ | 15 | -18 | 7 | 1.836 ±0.004 b |
| $4^3$ | 30 | 4 | 7 | 1.732 ± 0.008 k |
| $5^3$ | 30 | 10 | 7 | 1.596 ±0.014 q |
| $6^3$ | 30 | -18 | 7 | 1.811 ± 0.006 d |
| $7^3$ | 45 | 4 | 7 | 1.664 ±0.009 n |
| $8^3$ | 45 | 10 | 7 | 1.545 ± 0.016 s |
| $9^3$ | 45 | -18 | 7 | 1. 738±0.004 j |

Letras diferentes indicam diferenças significativas entre os dados ($p>0,05$).

**Tabela 34. Resultados dos efeitos mútuos da temperatura, tempo e pH na estabilidade da ficocianina nano-micro-revestida**

| Fontes de alterações | Graus de liberdade | média dos quadrados |
|---|---|---|
| Modelo corrigido | 26 | $0.028^{**}$ |
| Interceção | 1 | $239.225^{**}$ |
| pH | 2 | $0.005^{**}$ |
| Tempo | 2 | $0.158^{**}$ |
| temperatura | 1 | $0.179^{**}$ |
| pH × tempo | 4 | $0.000^{**}$ |
| pH × temperatura | 4 | $4.840^{ns}$ |
| Temperatura × tempo | 4 | $0.012^{**}$ |
| Tempo × Temperatura × pH | 8 | $0.000^{ns}$ |
| erro | 54 | 9.088 |
| Total | 81 | - |
| Total corrigido | 80 | - |

**diferença significativa ao nível de 5% e ns é diferença não significativa.

**Tabela 35. Concentração média de ficocianina nano-microencapsulada em função dos factores tempo, temperatura e pH**

| Fator | nível | Concentração de ficocianina (mg/ml) |
|---|---|---|
| Hora (dia) | 15 | 1.796 a |
| | 30 | 1.714 b |
| | 45 | 1.643 c |
| Temperatura (°C) | 4 | 1.732 b |
| | 10 | 1.630 c |
| | -18 | 1.792 a |
| pH | 4.5 | 1.730 a |
| | 5.5 | 1.703 c |
| | 10 | 1.722 b |

Letras diferentes na coluna para cada um dos factores indicam uma diferença significativa entre os dados (p<0,05).

## A influência da luz e da escuridão nas alterações da concentração de ficocianina pura e de ficocianina nanoencapsulada

Para avaliar o efeito da luz e da escuridão, foram avaliadas amostras de ficocianina à temperatura ambiente (25 °C) em duas condições de luz e escuridão e em tempos de 14, 30 e 45 dias, cujos resultados são apresentados nos quadros 36-40 e nas figuras 19-20. Verificaram-se alterações mútuas significativas entre a luz e a escuridão e o pH, o pH e o tempo, a luz e a escuridão e o tempo, e o efeito mútuo dos três factores. Os resultados indicam que a concentração de ficocianina pura e de ficocianina nanoencapsulada diminuiu com o aumento do tempo de armazenamento, e estes valores foram mais elevados à luz e a pH 5,5 do que na escuridão e a pH 5,4 e 7. A diminuição da ficocianina pura foi significativamente maior do que a da ficocianina nanoencapsulada (p<0,05). O armazenamento da ficocianina à temperatura ambiente, tanto em condições de luz como de escuridão, provocou uma diminuição da concentração de ficocianina pura e nanoencapsulada em comparação com uma temperatura de 10 °C, e as alterações observadas também foram significativas (p<0,05).

**Tabela 36. Efeito da luz e da escuridão na concentração de ficocianina pura e nano-microencapsulada em diferentes tempos e pH**

| Manutenção | Forma de ficocianina | Hora (dia) | pH | Concentração de ficocianina (mg/ml) |
|---|---|---|---|---|
| Iluminação | Puro | 15 | 4.5 | 0.963±0.041[n] |

| | | | | |
|---|---|---|---|---|
| | | | 5.5 | $0.541\pm0.021^{t}$ |
| | | | 7 | $0.881\pm0.035^{p}$ |
| | | 30 | 4.5 | $0.000\pm0.00^{y}$ |
| | | | 5.5 | $0.000\pm0.00^{y}$ |
| | | | 7 | $0.000\pm0.00^{y}$ |
| | | 45 | 4.5 | $0.000\pm0.00^{y}$ |
| | | | 5.5 | $0.000\pm0.00^{y}$ |
| | | | 7 | $0.000\pm0.00^{y}$ |
| | Nano-revestimento | 15 | 4.5 | $1.350\pm0.012^{e}$ |
| | | | 5.5 | $1.210\pm0.035^{j}$ |
| | | | 7 | $1.310\pm0.005^{f}$ |
| | | 30 | 4.5 | $0.735\pm0.0069$ |
| | | | 5.5 | $0.530\pm0.025^{t}$ |
| | | | 7 | $0.720\pm0.007^{r}$ |
| | | 45 | 4.5 | $0.544\pm0.026^{s}$ |
| | | | 5.5 | $0.350\pm0.015^{w}$ |
| | | | 7 | $0.475\pm0.010^{u}$ |
| a escuridão | Puro | 15 | 4.5 | $1.110\pm0.022^{l}$ |
| | | | 5.5 | $0.910\pm0.061^{o}$ |
| | | | 7 | $0.990\pm0.025^{m}$ |
| | | 30 | 4.5 | $0.431\pm0.020^{v}$ |
| | | | 5.5 | $0.000\pm0.00^{y}$ |
| | | | 7 | $0.321\pm0.031^{x}$ |
| | | 45 | 4.5 | $0.000\pm0.00^{y}$ |
| | | | 5.5 | $0.000\pm0.00^{y}$ |
| | | | 7 | $0.000\pm0.00^{y}$ |
| | Nano-revestimento | 15 | 4.5 | $1.650\pm0.022^{a}$ |
| | | | 5.5 | $1.410\pm0.017^{d}$ |
| | | | 7 | $1.570\pm0.021^{b}$ |
| | | 30 | 4.5 | $1.420\pm0.016^{c}$ |
| | | | 5.5 | $1.270\pm0.031^{g}$ |
| | | | 7 | $1.300\pm0.017^{f}$ |
| | | 45 | 4.5 | $1.230\pm0.006^{h}$ |
| | | | 5.5 | $1.141\pm0.025^{k}$ |
| | | | 7 | $1.215\pm0.040^{i}$ |

Letras diferentes indicam diferenças significativas entre os dados ($p<0,05$).

**Tabela 37. Resultados dos efeitos mútuos da luz e da escuridão, do pH e do tempo na estabilidade da ficocianina pura à temperatura ambiente**

| Fontes de alterações | Graus de liberdade | média dos quadrados |
|---|---|---|
| Modelo corrigido | 17 | $0.378^{**}$ |
| Interceção | 1 | $4.194^{**}$ |
| luz e escuridão | 1 | $0.206^{**}$ |
| pH | 2 | $0.094^{**}$ |
| Tempo | 2 | $2.844^{**}$ |
| pH × luz | 2 | $0.004^{**}$ |
| tempo x luz | 2 | $0.053^{**}$ |
| pH × tempo | 4 | $0.025^{**}$ |
| Tempo × luz × pH | 4 | $0.033^{**}$ |
| erro | 18 | $0.0000^{**}$ |
| Total | 36 | - |

| Total corrigido | 35 | - |
|---|---|---|

** Uma diferença significativa é significativa ao nível de 5%.

**Tabela 38. Concentração média de ficocianina pura em função dos factores tempo e pH**

| Fator | nível | Concentração de ficocianina (mg/ml) |
|---|---|---|
| Hora (dia) | 15 | 0.898 a |
| | 30 | 0/125 b |
| | 45 | 0 b |
| pH | 4.5 | 0/414 a |
| | 5.5 | 0.365 c |
| | 7 | 0.243 b |

Letras diferentes na coluna para cada fator indicam uma diferença significativa entre os dados (p<0,05).

**Quadro 39. Resultados dos efeitos mútuos da luz e da escuridão, do pH e do tempo na estabilidade da ficocianina nano-micro-revestida à temperatura ambiente**

| Fontes de alterações | Graus de liberdade | média dos quadrados |
|---|---|---|
| Modelo corrigido | 17 | 0.329** |
| Interceção | 1 | 41.926** |
| luz e escuridão | 1 | 2.742** |
| pH | 2 | 0.091** |
| Tempo | 2 | 1.107** |
| pH × luz | 2 | 0.002** |
| tempo x luz | 2 | 0.210** |
| pH × tempo | 4 | 0.001** |
| Tempo × luz × pH | 4 | 0.005 ** |
| erro | 18 | 0.000** |
| Total | 36 | - |
| Total corrigido | 35 | - |

** Uma diferença significativa é significativa ao nível de 5%.

**Tabela 40. Concentração média de ficocianina nano-microencapsulada em função dos factores tempo e pH**

| Fator | nível | Concentração de ficocianina (mg/ml) |
|---|---|---|
| Hora (dia) | 15 | 1.415 a |
| | 30 | 1.042 b |
| | 45 | 0.826b |
| pH | 4.5 | 1.155 a |
| | 5.5 | 1.097 c |
| | 7 | 0.98 b |

Letras diferentes na coluna para cada um dos factores indicam uma diferença significativa entre os dados (p<0,05).

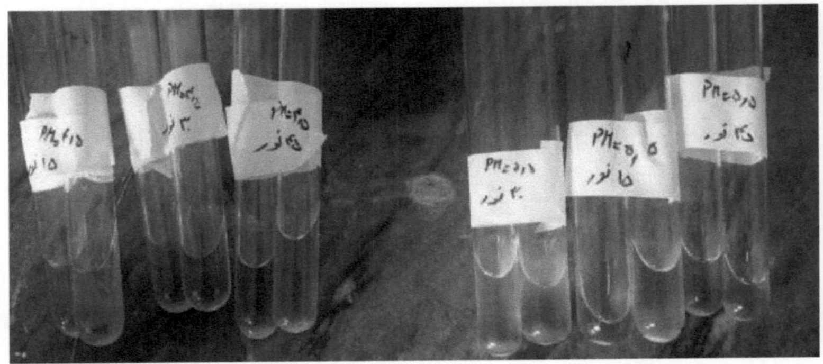

**Figura 19. Ficocianina pura após 30 dias de armazenamento contra a luz e a temperatura ambiente**

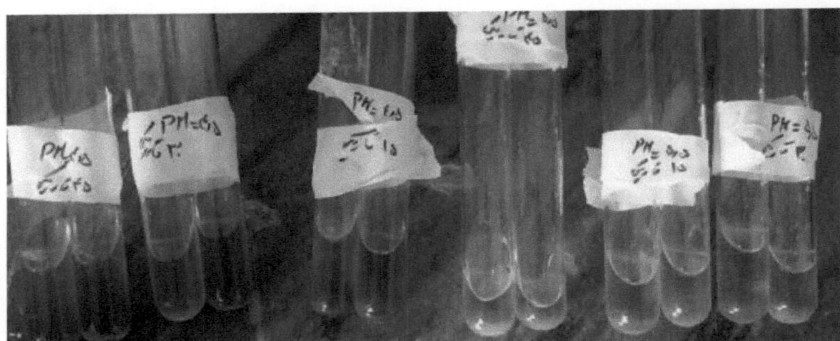

**Figura 20. Ficocianina pura após 30 dias de armazenamento no escuro e à temperatura ambiente**

## Avaliação das propriedades antioxidantes da ficocianina

Os resultados das propriedades antioxidantes da ficocianina pura e da ficocianina nanoencapsulada, utilizando três métodos, incluindo o poder de eliminação do radical DPPH, o poder redutor do ferro e a atividade quelante de metais, realizados aos 0 e 60 dias, são apresentados na Tabela 41. O poder antioxidante da ficocianina a uma concentração de 500 μg/ml (em todos os três métodos) foi superior à concentração de 200 ($p<0,05$), mas ainda inferior em comparação com os antioxidantes comerciais BHA e BHT. O poder antioxidante da ficocianina pura e nanoencapsulada foi semelhante no tempo 0, mas o tempo de armazenamento teve um impacto negativo na eficácia antioxidante da ficocianina pura. A diminuição relativa do poder antioxidante da ficocianina pura após 60 dias de armazenamento foi significativa na maioria dos casos (p<0,05). Durante o nanoencapsulamento da ficocianina, embora tenha sido observada uma ligeira diminuição da concentração de ficocianina no dia 60, as alterações resultantes não foram significativas.

**Tabela 41. Resultados dos ensaios antioxidantes da ficocianina pura e nano-revestida aos zero e 60 dias**

| Hora (dia) | Forma de ficocianina | Concentração (µg/ml) | Poder de eliminação do radical livre DPPH (%) | Poder redutor do ferro trivalente (mg de TAE/g de peso seco) | Atividade de quelação de metais (%) |
|---|---|---|---|---|---|
| 0 | Ficocianina pura | 200 | 45.75±2.16[f] | 0.051±0.01[f] | 40.23±1.45[f] |
| | | 500 | 57.22±1.45[c] | 0.061±0.005[d] | 51.45±1.11[d] |
| | Ficocianina nano-microencapsulada | 200 | 46.21±1.09f | 0.050±0.02f | 41.17±1.12f |
| | | 500 | 58.56±1.17c | 0.063±0.009c | 54.48±1.22b |
| 60 | Ficocianina pura | 200 | 41.56±1.83g | 0.046±0.01h | 36.56±2.37g |
| | | 500 | 50.32±1.32e | 0.053±0.006e | 45.32±1.15e |
| | Ficocianina nano-microencapsulada | 200 | 45.55±1.17f | 0.049±0.01g | 40.25±0.5f |
| | | 500 | 56,14±2,02cd | 0.060±0.003d | 53.25±1.30c |
| | | ppm 200 BHA | 92.39±1.42a | 0.093±0.02a | 96.02±3.11a |
| | | ppm 200 BHT | 87.38±0.96b | 0.089±0.03b | 94.54±1.31a |

Letras diferentes em cada coluna indicam diferenças significativas entre os dados (p<0,05). Repetição da amostra = 3

## Avaliação dos resultados antimicrobianos da ficocianina

As propriedades antimicrobianas da ficocianina pura e da ficocianina nanoencapsulada foram avaliadas utilizando dois métodos de difusão em ágar, medindo a zona de inibição e o método de diluição em tubos. Para a experiência, foram avaliadas diferentes concentrações de ficocianina (2,5, 5, 10, 20 e 25 µg/ml) em dois momentos de zero e 60 dias, e os resultados obtidos são apresentados nas tabelas 42-43.

## Método de distribuição em Agar

Os resultados mostram que o halo de inibição do crescimento bacteriano em meio contendo ágar é suportado pelo nanoencapsulamento de ficocianina, o seu efeito antibacteriano é preservado e não é observada qualquer diferença significativa entre o dia zero e os 60 dias, enquanto na ficocianina pura, o efeito antibacteriano com a retenção de ficocianina diminuiu relativamente e, em alguns casos, a diferença existente também foi significativa. Em todos os casos, com o aumento da concentração de ficocianina, o seu efeito antibacteriano aumentou e as alterações observadas foram significativas ($p<0,05$). Entre as bactérias gram-positivas, a Listeria monocytogenes foi mais sensível em comparação com outras duas bactérias e todas as concentrações utilizadas tiveram um efeito inibitório sobre esta bactéria, mas, no entanto, o diâmetro do halo de inibição do crescimento em concentrações mais baixas foi menor. Staphylococcus aureus foi resistente a duas concentrações de 2,5 e 5, e Streptococcus pyogenes foi resistente a três concentrações de 2,5, 5 e 10 µg/ml. Em todas as experiências, o diâmetro do halo de inibição do crescimento dos antibióticos tetraciclina e doxiciclina foi maior do que as concentrações de ficocianina e a diferença foi significativa ($p<0,05$). Entre as duas bactérias gram-negativas, a Yersinia ruckeri foi mais sensível e as concentrações utilizadas, com exceção de 2,5 e 5, tiveram um efeito inibitório em ambas as bactérias. De um modo geral, as bactérias gram-positivas foram mais sensíveis do que as gram-negativas, mas Streptococcus pyogenes foi uma exceção a esta regra, sendo resistente às três concentrações iniciais de ficocianina e concentrações mais elevadas também não tiveram grande efeito sobre esta bactéria (Tabelas 4-18 e 4-19). As Figuras 21-23 mostram a reação de algumas bactérias à ficocianina e o seu crescimento ou ausência de crescimento em meio de cultura contendo ágar (halo de inibição do crescimento).

**Tabela 42. Resultados dos efeitos inibitórios da ficocianina pura e nano-revestida (diferentes concentrações) a zero e 60 dias em bactérias indicadoras Gram-positivas no método de difusão em meio de ágar, medindo o halo de não crescimento**

| Halo - zonas de ausência de crescimento (mm) |
| --- |

| Bactérias | Hora (dia) | | Concentração de ficocianina (microgramas por mililitro) | | | | | | Controlo positivo | | |
|---|---|---|---|---|---|---|---|---|---|---|---|
| | | | 0 | 2.5 | 5 | 10 | 20 | 25 | Amk | Tet | Doxy |
| Listeria monocytogenes | 0 | 1 | 0 | 10,0±0,11gA | 13,0±0,41fA | 17,20±1,14eB | 19,5±1,41dA | 22,11±1,25cAB | - | 33±1,56bA | 41±1,14aA |
| | | 2 | 0 | 10,51±0,17fA | 14,5±1,21eA | 19,30±1,25dA | 20,84±0,65dA | 24,2±1,31cA | | | |
| | 60 | 1 | 0 | 8,22±0,31eB | 9±0,55eB | 13,41±1,2dC | 14,30±1,32dBC | 17,61±1,45cC | - | 33±1,56bA | 41±1,14aA |
| | | 2 | 0 | 10,35±0,10fA | 13,80±0,41eA | 19,21±1,17dA | 20,25±1,21dA | 23,35±0,86cA | | | |
| Staphylococcus aureus | 0 | 1 | 0 | R | R | 11,45±1,11dC | 15,44±1,3cB | 16,5±1,27cC | - | 24±0,32bB | 35,45±1,21aB |
| | | 2 | 0 | R | R | 11,65±1,08dC | 16,25±1,17cB | 17,10±1,15cC | | | |
| | 60 | 1 | 0 | R | R | 8,5±0,26dD | 12,5±0,7cD | 13,68±1,11cD | - | 24±0,32bB | 35,45±1,21aB |
| | | 2 | 0 | R | R | 11,50±1,15bC | 16,12±0,85aB | 16,80±1,12aC | | | |
| Streptococcus iniiae | 0 | 1 | 0 | R | R | R | 10,55±0,47cDE | 10,76±0,41cE | - | 19,04±0,44bC | 27,23±1,56aC |
| | | 2 | 0 | R | R | R | 11,21±1,21cD | 11,57±0,88cE | | | |
| | 60 | 1 | 0 | R | R | R | 8,5±0,33cF | 9,5±0,32cF | - | 19,04±0,44bC | 27,23±1,56aC |
| | | 2 | 0 | R | R | R | 11,10±1,15cD | 11,50±1,13cE | | | |

1: ficocianina pura, 2: ficocianina nano-revestida, R: resistente, Amk: amicacina, Tet: tetraciclina, Doxy: doxicilina. Letras minúsculas e maiúsculas diferentes em cada linha e coluna, respetivamente, indicam uma diferença significativa entre os dados ($p<0,05$). Número de amostras = 3.

**Tabela 43. Resultados dos efeitos inibitórios da ficocianina pura e nano-revestida (diferentes concentrações) a zero e 60 dias em bactérias gram-negativas no método de difusão em meio de ágar, medindo o halo de não crescimento.**

| Bactérias | Hora (dia) | | Halo - zonas de ausência de crescimento (mm) | | | | | | | | |
|---|---|---|---|---|---|---|---|---|---|---|---|
| | | | Concentração de ficocianina (microgramas por mililitro) | | | | | | Controlo positivo | | |
| | | | 0 | 2.5 | 5 | 10 | 20 | 25 | Amk | Tet | Doxy |
| | 0 | 1 | 0 | R | R | 10,34±0,51eA | 12,34±24/0dA | 14,5±0,35cA | | - | |

| | | | | | | | | | | | |
|---|---|---|---|---|---|---|---|---|---|---|---|
| Yersinia | | 2 | 0 | R | R | 11,22±42/0cA | 12,65±0,14cA | 15,11±0,86bA | 16±0,35bA | | 32,11±1,28aB |
| rookeri | 60 | 1 | 0 | R | R | 8,11±0,15cdBC | 9,66±0,21cCD | 10,21±0,17cC | 16±0,35bA | - | 32,11±1,28aB |
| | | 2 | 0 | R | R | 10,92±0,35dA | 12,25±0,21cA | 15,04±0,44bA | | | |
| Escherichia coli | 0 | 1 | 0 | R | R | 9,26±0,30dAB | 10,44±0,50dBC | 12,22±0,20cB | 17,50±0,60bA | - | 36,55±2,17aA |
| | | 2 | 0 | R | R | 9,85±0,12dAB | 11,17±0,34cB | 12,86±0,14cB | | | |
| | 60 | 1 | 0 | R | R | 7,5±0,22dCD | 9,11±0,25cDE | 9,7±0,34cCD | 17,50±0,60bA | - | 36,55±2,17aA |
| | | 2 | 0 | R | R | 9,62±0,15dAB | 11,10±0,25cB | 12,55±0,31cB | | | |

1: ficocianina pura, 2: ficocianina nano-revestida, R: resistente, Amk: amicacina, Tet: tetraciclina, Doxy: doxicilina. Letras minúsculas e maiúsculas diferentes em cada linha e coluna, respetivamente, indicam uma diferença significativa entre os dados ($p<0,05$). Número de amostras = 3

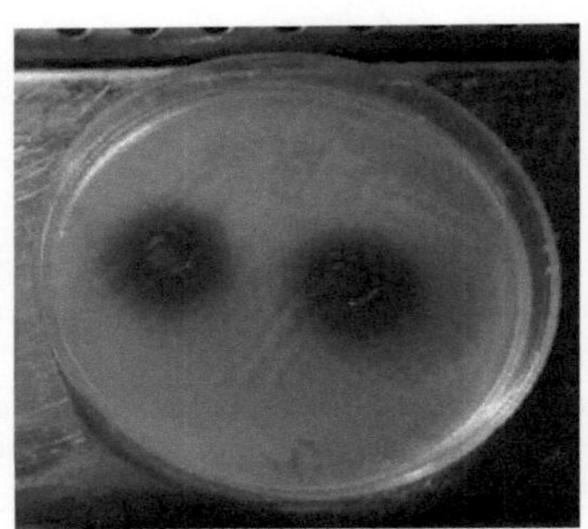

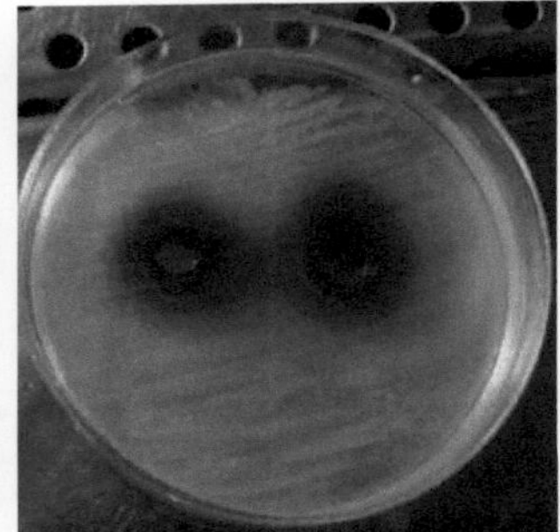

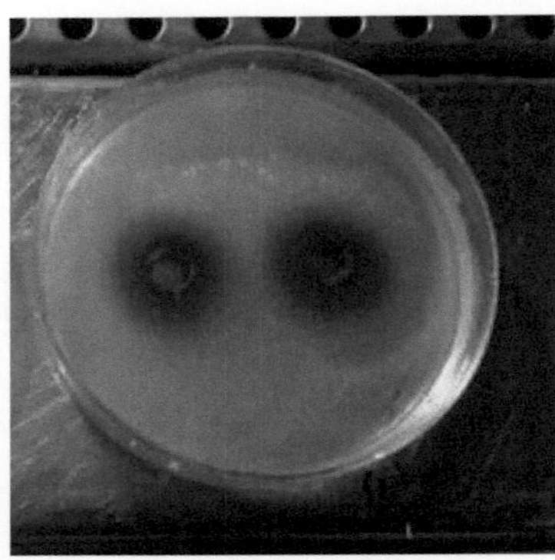

**Formas 21-23. A reação de algumas bactérias habituadas à ficocianina e o seu crescimento ou ausência de crescimento (halo de ausência de crescimento)**

## Método de diluição no tubo

Os resultados do efeito da ficocianina pura e nanoencapsulada em algumas bactérias Gram-positivas e Gram-negativas no método de microdiluição são apresentados na Tabela 44. O intervalo da CIM situou-se entre 50-400 e o CBM entre 100-500 µg/ml, com a CIM mais baixa para a Listeria monocytogenes e o CBM mais elevado registado para a Streptococcus pneumoniae. A ficocianina pura no dia 60 não foi capaz de eliminar o Streptococcus, mas a sua forma nanoencapsulada a uma concentração de 500 µg/ml foi capaz de eliminar esta bactéria. Os valores de CIM e CBM em bactérias Gram-negativas, tanto na forma pura como na nanoencapsulada, foram semelhantes, com uma concentração de 200 como CIM e concentrações de 400 e 500 como CBM para a ficocianina pura no dia 0 e 60, e uma concentração de 500 para a ficocianina nanoencapsulada. Os resultados das experiências realizadas no método de diluição em tubo indicam que as bactérias Gram-negativas são mais resistentes do que as bactérias Gram-positivas, exceto o Streptococcus pneumoniae que tem uma resistência específica (semelhante ao método de difusão em ágar).

**Tabela 44. Resultados das alterações da CIM e do CBM da ficocianina pura e nano-revestida em algumas bactérias Gram-positivas e negativas a zero e 60 dias**

| O nome da bactéria | Forma de ficocianina | hora (dia) | CIM (µg/ml) | MBC (µg/ml) |
|---|---|---|---|---|
| Listeria monocytogenes | Puro | 0 | 50 | 100 |
| | | 60 | 100 | 200 |
| | Nano-revestimento | 0 | 50 | 100 |
| | | 60 | 50 | 100 |
| Staphylococcus aureus | Puro | 0 | 100 | 200 |
| | | 60 | 200 | 400 |
| | Nano-revestimento | 0 | 100 | 200 |
| | | 60 | 100 | 200 |
| Streptococcus iniiae | Puro | 0 | 400 | 500 |
| | | 60 | 500 | - |

| | Nano-revestimento | 0 | 400 | 500 |
|---|---|---|---|---|
| | | 60 | 400 | 500 |
| Yersinia rookeri | Puro | 0 | 200 | 400 |
| | | 60 | 200 | 500 |
| | Nano-revestimento | 0 | 200 | 400 |
| | | 60 | 200 | 400 |
| Escherichia coli | Puro | 0 | 200 | 400 |
| | | 60 | 200 | 500 |
| | Nano-revestimento | 0 | 200 | 400 |
| | | 60 | 200 | 400 |

CIM: a concentração mais baixa que inibe o crescimento das bactérias. MBC: a concentração mais baixa que mata as bactérias

## O efeito da ficocianina pura e da ficocianina nanoencapsulada nas propriedades de qualidade do gelado

Com o objetivo de avaliar o efeito da ficocianina nos parâmetros de qualidade e nos índices sensoriais do gelado, foram adicionados à mistura de gelado (antes da congelação) tratamentos de controlo (sem corante) e formas puras e nanoencapsuladas do corante nos níveis de 100 e 500 µg/ml e o produto resultante foi avaliado de acordo com a norma nº 52. A concentração desejada baseou-se nos pré-testes efectuados, na observação da cor criada e noutros estudos realizados sobre a utilização de diferentes corantes nos alimentos. Os resultados dos parâmetros físicos e sensoriais da mistura e do gelado contendo ficocianina pura, ficocianina nanoencapsulada e a amostra de controlo são apresentados nas Tabelas 45-46. Os valores de pH nos tratamentos de controlo, ficocianina pura e ficocianina nanoencapsulada foram 6,70 ± 0,01, 6,74 ± 0,1 e 6,67 ± 0,01, respetivamente. O tratamento contendo ficocianina nanoencapsulada teve a maior viscosidade (1140±10,5 centipoises ou milipascals), indicando que os revestimentos utilizados tiveram um efeito sobre as propriedades de viscosidade do gelado. Os tratamentos que continham ficocianina pura e o tratamento de controlo tinham viscosidades de 960 ± 5,5 e 870 ± 5 centipoises, respetivamente. A percentagem de aumento de volume ou overrun nos tratamentos controlo, ficocianina pura e ficocianina nanoencapsulada foi de 41,45±0,45%, 41,17±0,11% e 39,65±0,24%, respetivamente. A menor firmeza em termos de Newton no tratamento com ficocianina nanoencapsulada foi de 15,23 Newton, e a maior firmeza foi no tratamento de controlo com 18,78 Newton, sugerindo que a adição de ficocianina e revestimentos suaviza a textura do gelado. As alterações na firmeza nos diferentes tratamentos foram significativas (p < 0,05). A percentagem de derretimento do gelado variou entre 73,28% e 76,45%, e os valores mais altos e mais baixos foram para o tratamento de controlo e para o tratamento com ficocianina nanoencapsulada, respetivamente (p<0,05). A adição de ficocianina e maltodextrina e de revestimentos de soro de leite concentrado reduziu significativamente a percentagem de fusão do gelado. Os factores examinados durante o armazenamento do gelado a 18 °C mostraram ligeiras alterações, mas, no entanto, as alterações observadas não foram significativamente diferentes.

**Tabela 45. Resultados dos factores de dureza e da quantidade de derretimento no gelado de controlo (sem pigmento de ficocianina) e com ficocianina pura e nano micro-revestida em diferentes tempos**

| Forma de ficocianina | Hora (dia) | Rigidez (N) | Ponto de fusão (%) |
|---|---|---|---|
| Countrol | 15 | 17.24±0.43 [b] | 75.18±0.21 [b] |
| | 30 | 18.45±0.32 [a] | 75.33±0.36 [b] |
| | 45 | 18.78±0.21 [a] | 76.45±0.17 [a] |
| | 15 | 17.21±0.45 [b] | ,66±74 0,21[c] |
| Puro | 30 | 17.35±0.33 [b] | ,21±75 0,21[b] |
| | 45 | ,55±17 0,19[b] | ,11±75 0,21[b] |
| Nano revestido | 15 | ,23±15 0,42[c] | 72.28±0.21 [e] |
| | 30 | 15.45±0.30 [c] | 73.30±0.21 [d] |
| | 45 | ,63±15 0,44[c] | ,25±73 0,21[c] |

Letras diferentes em cada coluna indicam diferenças significativas entre os dados (p<0,05).

Os resultados dos índices sensoriais indicam que o fator cor no tratamento que contém ficocianina pura tem a pontuação mais elevada, seguido dos tratamentos com ficocianina nano-polvilhada e do grupo de controlo (p<0,05). A utilização de revestimentos específicos para a ficocianina nano-polvilhada reduz a cor azul escura da ficocianina e é menos popular em comparação com a ficocianina pura. O sabor do gelado nos tratamentos que contêm ficocianina é melhor do que no grupo de controlo (p<0,05). Devido ao amolecimento da textura do gelado nos tratamentos que contêm ficocianina nano-polvilhada, este tratamento tem a pontuação mais elevada em termos de parâmetro de firmeza, e é significativamente diferente dos outros tratamentos (p<0,05). A intensidade da cristalização, bem como a gomosidade e a frieza do gelado nos tratamentos que contêm ficocianina, é inferior à do grupo de controlo (p<0,05), pelo que as pontuações obtidas nos tratamentos que contêm ficocianina nano-polvilhada e pura são superiores às do grupo de controlo. Considerando todos os factores sensoriais examinados, o tratamento com ficocianina nano-polvilhada foi aceitável nos tempos de avaliação, embora o fator cor no tratamento com ficocianina pura tenha sido melhor do que os outros tratamentos.

**Tabela 46. Resultados dos parâmetros sensoriais no gelado de controlo (sem pigmento de ficocianina) e com ficocianina pura e nano micro-revestida em diferentes momentos.**

| **Forma de ficocianina** | **Hora (dia)** | **Cor** | **gosto** | **Dureza** | **Intensidade do cristal** | **Intensidade de viscosidade** | **Intensidade do frio** | **Aceitação geral** |
|---|---|---|---|---|---|---|---|---|
| Countrol | 15 | 0.17 4.23±$^{e}$ | 0.21 4.21±$^{ab}$ | 0,1 4.12±$^{c}$ | 0,020$^{d}$ ,22±3 | 0.18 4.34±$^{bc}$ | 0.15 3.65±$^{e}$ | 0,13$^{d}$ ,11±4 |
| | 30 | 0,13$^{f}$ ,22±4 | 0,19$^{ab}$ ,11±4 | 0,13$^{d}$ ,89±3 | 0,16$^{d}$ ,13±3 | 0,11$^{d}$ ,67±3 | 0,31$^{f}$ ,34±3 | 0.15e .65±3 |
| | 45 | 0.15 4.20±$^{f}$ | 0.11 3.95±$^{bc}$ | 0,22$^{e}$ ,65±3 | 0.11 2.87±$^{e}$ | 0,31$^{e}$ ,33±3 | 0.24 2.72±$^{g}$ | 0.11 3.23±$^{f}$ |
| | 15 | 0.21 4.95±$^{a}$ | 0.33 4.33±$^{a}$ | 0.16 4.45±$^{b}$ | 0.14 4.32±$^{ab}$ | 0.17 4.67±$^{a}$ | 0.21 4.12±$^{c}$ | 0.16 4.65±$^{b}$ |
| Puro | 30 | 0.18 4.91±$^{a}$ | 0.17 4.36±$^{a}$ | 0.22 4.43±$^{b}$ | 0.11 4.21±$^{bc}$ | 0.14 4.54±$^{ab}$ | 0.19 3.91±$^{d}$ | 0.17 4.42±$^{c}$ |
| | 45 | 0.13 4.93±$^{a}$ | 0.15 4.31±$^{a}$ | 0,25$^{b}$ ,45±4 | 0.14 4.13±$^{c}$ | 0.22 4.33±$^{bc}$ | 0.12 3.75±$^{e}$ | 0,25$^{d}$ ,11±4 |
| Nano revestido | 15 | 0.11 4.75±$^{b}$ | 0.11 4.55±$^{a}$ | 0.13 4.80±$^{a}$ | 0.11 4.57±$^{a}$ | 0,13$^{a}$ ,84±4 | 0,11$^{a}$ ,73±4 | 0,15$^{a}$ ,85±4 |
| | 30 | 0.22 4.70±$^{c}$ | 0.35 4.35±$^{a}$ | 0,11$^{a}$ ,76±4 | 0.15 4.51±$^{a}$ | 0,14$^{a}$ ,72±4 | 0.12 4.66±$^{a}$ | 0.10 4.65±$^{b}$ |
| | 45 | 0.32 4.64±$^{d}$ | 0.42 4.32±$^{a}$ | 0.26 4.71±$^{a}$ | 0.32 4.46±$^{a}$ | 0,33$^{ab}$ ,55±4 | 0.21 4.58±$^{ab}$ | 0.13 4.53±$^{b}$ |

Letras diferentes em cada coluna indicam diferenças significativas entre os dados (p<0,05).

**Figura 24. Gelado com ficocianina pura e nano-revestida**

# Capítulo Cinco: Discussão e conclusão

Incluir....

- Discussão
- Conclusão
- Sugestões

## Discussão

O cultivo da alga Spirulina é de particular importância devido às suas diversas propriedades nutricionais, clínicas e antioxidantes. Um dos principais componentes do grupo de proteínas ficobiliproteínas é a ficocianina que, para além de ser um pigmento biológico utilizado em produtos alimentares, é também importante pelas suas propriedades antioxidantes e anticancerígenas, o que levou a uma extensa investigação nesta área. Um dos principais desafios na utilização da ficocianina em produtos alimentares é a sua instabilidade em várias condições ambientais, como o pH, a temperatura e a luz, o que leva os investigadores da indústria alimentar a concentrarem-se em métodos-chave para aumentar a estabilidade da ficocianina em diferentes condições. Um método prático é a utilização de técnicas de microencapsulação, que podem aumentar significativamente a estabilidade da ficocianina e libertar gradualmente as suas propriedades antioxidantes e anticancerígenas. As discussões sobre as condições de cultivo da Spirulina, os métodos de extração da ficocianina, as propriedades antioxidantes e antimicrobianas, o nanocapsulamento, os efeitos de vários parâmetros na estabilidade e, por fim, os efeitos da ficocianina na qualidade do gelado são mencionados e comparados com outros estudos de investigação realizados.

### **A quantidade de** produção **em massa de algas**

A quantidade de produção de biomassa de algas no meio utilizado para o cultivo de Spirulina platensis neste estudo, o meio de cultura Zarrouk com diferentes composições, mostrou que a biomassa produzida após 16 dias foi de 1120 mg/l. Vários estudos têm demonstrado que diferentes métodos de cultivo como sistemas fechados ou em batelada, cultura em batelada alimentada ou sistemas contínuos (fotobiorreator), bem como diferentes meios de cultura baseados em sais minerais como Zarrouk, Georges, Jordan, F2 e Scholer, têm sido utilizados com fontes de carbono como bicarbonato de sódio e carbonato de sódio, fontes de nitrogénio como sais de amónio, nitratos e nitritos e fontes de fósforo (Sharma et al., 2014; Ismaiel et al., 2016). Os resultados dos investigadores sugerem que a alteração dos sais minerais utilizados pode otimizar as condições de crescimento da Spirulina e, consequentemente, alcançar um maior rendimento de biomassa. Foram realizados vários estudos para otimizar as condições de cultura da Spirulina, de modo a obter a maior produção de biomassa (Sharma et al., 2014; Vonshak, 1997). Jerley et al. (2015) utilizaram um meio Zarrouk modificado para cultivar Spirulina. A biomassa produzida durante 9 dias de cultivo a pH 9 foi de 280 mg/l, muito inferior à do presente estudo, embora o tempo de cultivo da Spirulina tenha sido de apenas 9 dias. Um dos principais parâmetros que afectam o crescimento e a produção de biomassa das algas é o tipo e a concentração dos sais minerais utilizados, o que terá um impacto significativo no crescimento da Spirulina. Por conseguinte, a seleção do tipo e da concentração adequados de sais minerais é um aspeto fundamental no cultivo de Spirulina. Sheikhinejad et al. (2015) utilizaram dois sistemas de aeração (borbulhamento de ar e rotação do recipiente de cultura) para o cultivo e a produção de biomassa de Spirulina nos meios de cultura Zarrouk, F2, Scholer e água do mar durante um período de 14 dias. Os resultados mostraram que, no método de borbulhamento de ar, a maior e a menor biomassa estavam relacionadas com os meios de cultura Zarrouk (4 g/l) e água do mar (2,49 g/l), e no método de rotação, a maior e a menor biomassa estavam na água do mar (3,69 g/l) e no meio F2 (2,49 g/l). No presente estudo, foi utilizado o método de borbulhamento de ar suave e o meio de cultura Zarrouk, e a produção de biomassa de Spirulina foi menor em comparação com o estudo de Sheikhinejad (1,21 g/l), o que se deveu ao controlo inadequado do ar injetado no meio de cultura, enquanto o estudo de Sheikhinejad tinha ar de entrada controlado e uma taxa de fluxo de 2,0 vvm e velocidade de rotação de 150 rpm. Ismaiel et al. (2016) relataram que a maior biomassa de Spirulina durante um período de cultivo de 14 dias a pH 9 foi equivalente a 66 mg de peso de biomassa em 50 ml de meio de cultura, o que foi semelhante aos resultados do presente estudo. Vale a pena mencionar que, para além dos sais minerais, outros parâmetros como a luz, a duração do ciclo claro-escuro, a temperatura, o tempo e as variações de pH são também factores-chave na otimização das condições de crescimento e reprodução da Spirulina. As mudanças nos períodos de claro-escuro podem levar a alterações no perfil dos ácidos gordos saturados e insaturados e, modificando estas condições, é possível obter uma maior quantidade de ácidos gordos benéficos. A temperatura e o pH óptimos para o crescimento da Spirulina são, segundo a maioria dos estudos, de 32-30°C e 10-9, respetivamente (Sharma et al., 2014; Kuddus et al., 2013; Kumar et al., 2013). Alterando os parâmetros-chave e induzindo o stress, a produção de certos metabolitos, como os pigmentos, pode ser aumentada. Por exemplo, o aumento da percentagem de cloreto de sódio no meio de cultura, a adição de ureia como fonte de azoto e a redução do pH para 5,8-8 podem aumentar a produção do pigmento ficocianina (Kuddus et al., 2013; Kumar et al., 2013). Garg et al. (2012) investigaram os efeitos de diferentes parâmetros na produção de ficocianina em Spirulina. Verificaram que o aumento da intensidade da luz, o método de cultura em regime de lote alimentado e o substrato de glucose tiveram efeitos positivos na produção de pigmentos, enquanto as temperaturas mais elevadas diminuíram o rendimento global de ficocianina devido a perturbações no metabolismo celular. No seu estudo, Garg et al. também determinaram que a temperatura óptima para o cultivo era de 29-31°C, para além da qual a taxa de crescimento diminuía .Joshi et al. (2014) realizaram experiências laboratoriais sobre o cultivo de Spirulina utilizando vários substratos, incluindo soro de queijo, urina de vaca, água da chuva e água da torneira. Mediram o teor de clorofila e proteína da biomassa produzida. Os resultados mostraram que o prolongamento do período de cultivo (15 dias) levou a um aumento dos factores acima mencionados. O presente estudo demonstrou igualmente que a utilização de recursos económicos na formulação do meio de crescimento da Spirulina pode resultar numa maior produção de biomassa. Ao alterar a formulação do meio de cultivo, o tempo de florescimento das algas pode ser reduzido, levando a rendimentos de biomassa mais rápidos. No presente estudo, a Spirulina atingiu a sua taxa de crescimento mais elevada durante um período de 16 dias, semelhante às conclusões de Joshi et al. Quando cultivadas em meios de crescimento padrão e modificados, as algas atingem normalmente o pico de crescimento em 25 dias, embora em certos tipos de meios, como o meio de Kanou, este período possa prolongar-se até 30 dias (Ghaeni et al., 2012). Sarvaiya e Mehta (2016) avaliaram o crescimento de Spirulina em vários meios de cultura, como Zoruq, CFTRI, OFERR, Zoruq + PGR e VITAL BIOTECH. Examinaram os efeitos da temperatura, pH, exposição à luz e agitação durante um período de 20 dias e descobriram que a biomassa produzida variava entre

25,1-40,0 g/L de peso seco. Os resultados do seu estudo foram semelhantes aos do presente estudo, mas com o período de cultivo das algas a ser de 16 dias. Entre os diferentes meios de cultura utilizados, o VITAL BIOTECH foi considerado superior. Sarvaiya e Mehta demonstraram que, embora os factores examinados tivessem um impacto no crescimento da Spirulina, a agitação e a exposição à luz eram parâmetros-chave para obter o máximo de biomassa e biossíntese de proteínas.

**Comparação dos métodos de extração na concentração e pureza da ficocianina**

Quatro métodos, incluindo enzimático, ultrassom, congelamento e liofilização com solvente mineral foram utilizados para a extração de ficocianina. A concentração de ficocianina foi de 1,815, 1,786, 1,535 e 121,1 mg/ml, respetivamente, indicando uma maior eficiência dos métodos enzimático e de ultra-sons em comparação com os outros dois métodos na concentração de ficocianina. Parece que a utilização de solvente mineral afecta a estrutura molecular da proteína ficocianina e pode não ser um método adequado para extrair esta proteína. A aplicação deste método é mais adequada para a extração de compostos fenólicos e polissacáridos de plantas e microalgas (Kuddus et al., 2015; Kumar et al., 2013). Nos métodos enzimáticos, de congelação e de ultra-sons, foram utilizados tratamentos bioquímicos e físicos para romper a parede celular da Spirulina, e espera-se que o rendimento da ficocianina produzida seja relativamente maior. Por conseguinte, a eficiência da extração, a pureza e a concentração de ficocianina dependem do processo de rutura da parede celular. Neste estudo, foi utilizada a enzima lisozima, que tem atividade de glicosidase e afecta a ligação de 1-4 ligações glicosídicas entre o ácido N-acetilmurâmico e o peptideoglicano N-acetilglucosamina na parede celular das algas, levando à libertação de vários metabolitos, incluindo a ficocianina. Vale a pena mencionar que as algas azuis-verdes ou cianófitas, devido à presença de peptidoglicano na parede celular, assemelham-se a bactérias. Além disso, no método enzimático, o EDTA e o tampão fosfato, com quelação de iões magnésio e rutura da membrana citoplasmática, levam à libertação de ficocianina. No método de ultra-sons, após a utilização de ondas ultra-sónicas, as células de algas são rompidas e vários metabolitos são libertados. Ambos os métodos enzimáticos e de ultrassom agem de forma não seletiva semelhante aos métodos de congelamento e solvente mineral, resultando na presença de outros pigmentos no extrato, como allophycocyanin, phycovaritin, zeaxanthin, astaxanthin, lutein e clorofila (Yu et al., 2016; Moraes et al., 2011). Vários estudos têm sido realizados sobre a extração de pigmentos de algas, especialmente ficocianina, usando vários métodos, como ultrassom, uma combinação de ultrassom e imersão em solvente orgânico, ultrahomogeneização, congelamento, liofilização, fluido supercrítico, micro-ondas, orgânicos e solventes minerais (Yu et al., 2016; Kuddus et al., 2015; Danesi et al., 2010; Sivasankari et al., 2014). Em um estudo apresentado por Moraes et al. (2011), seis métodos de extração, incluindo métodos químicos (ácidos orgânicos e minerais), físicos (congelamento e liofilização, ultrassom, homogeneização) e enzimáticos (lisozima) foram utilizados para a extração de ficocianina, e os resultados mostraram que o método de ultrassom teve maior eficiência, seguido de métodos de congelamento e liofilização, que foram consistentes com o presente estudo. Parece que a Spirulina é afetada por ondas ultra-sônicas e otimizando os parâmetros de extração, como freqüência, amplitude, tempo e número de ciclos, a maior eficiência de extração pode ser alcançada. De Jesús et al. (2016) em um estudo de revisão mencionou vários métodos para extrair ficocianina de diferentes microalgas, incluindo tratamento térmico, homogeneização, congelamento e liofilização, nitrogênio líquido e choque osmótico, interrompendo células microalgas, levando à liberação de vários metabólitos, incluindo ficocianina.

Os estudos de De Jesús também mostraram que os métodos utilizados podem ser individuais ou combinados com métodos enzimáticos, que, em alguns casos, a combinação de métodos pode ter efeitos sinérgicos e aumentar a eficiência da extração de ficocianina. No presente estudo, a extração de ficocianina foi realizada sem recurso a tratamentos iniciais e não foram utilizados métodos combinados. A conclusão feita por De Jesús et al. a partir do seu estudo foi que, embora a adoção de métodos de extração adequados afecte a eficiência da extração de ficocianina, a frescura da biomassa e a espécie desejada são os principais factores que determinam a concentração final de ficocianina. Ho (2015) utilizou uma combinação de congelamento e liofilização por 1 hora a -20°C e posteriormente ultrassom a 6 microns de amplitude por 3 min e as amostras foram centrifugadas a 10000 g por 30 min e o sobrenadante líquido foi separado para a avaliação da concentração de ficocianina. Os resultados de Ho mostraram que a concentração de ficocianina em duas experiências separadas com diferentes fontes de luz branca e vermelha foi de 0,728 e 3,277 mg/ml, respetivamente, o que foi inferior aos resultados do presente estudo que também utilizou fonte de luz branca (1,121-1,815mg/ml). A diferença na concentração de ficocianina deve-se provavelmente às diferentes formulações do meio de cultura utilizado, que foi modificado no estudo atual e no estudo de Ho foi utilizado o meio F/2 (ou meio Gyllard modificado). Sivasankari et al. (2014) utilizaram vários métodos, como congelamento e liofilização, solventes orgânicos e minerais, ultrassom, homogeneização e tampão fosfato de sódio para extração de ficocianina e os resultados indicaram alta eficiência de congelamento e liofilização na separação de ficocianina, mas, no entanto, a menor concentração de ficocianina foi relacionada aos métodos de solvente mineral e ultrassom. O estudo também avaliou o efeito dos tempos de extração de 24, 48 e 72 h no processo de extração da ficocianina e os resultados mostraram que a concentração de pigmento às 24 e 48 h tinha uma diferença significativa, mas esta tendência não era significativa às 72 h. A concentração de ficocianina nos métodos utilizados por Sivasankari, com exceção do método de ultra-sons, foi semelhante à dos métodos seleccionados no presente estudo, e a diferença na concentração de ficocianina no método de ultra-sons deve-se provavelmente ao tipo de frequência selecionado, ao tempo e ao número de ciclos no período de tempo especificado. No estudo realizado por Hadiyanto e Suttrisnorhadi (2016), um método combinado de solvente e ultrassom foi usado para extração de ficocianina de Spirulina, e os resultados mostraram que a maior eficiência de extração de pigmento foi a uma temperatura de 52,5°C, um tempo de 42 min, e uma frequência de 42 kHz (15,7%), enquanto no tratamento contendo solvente de etanol sozinho, a eficiência de extração foi de 11,13%. No presente estudo, a ultrassonografia foi utilizada individualmente com uma frequência de 20 kHz, um tempo de 10 min, e a concentração de ficocianina foi de 1,786 mg/ml.

**Purificação da ficocianina**

O sulfato de amónio foi utilizado para a purificação da ficocianina e os resultados mostraram que a concentração de ficocianina nos métodos enzimático, ultrassónico, de congelação-descongelação e de solvente mineral foi de 3,751, 3,720, 3,705 e 3,523 mg/ml, respetivamente. A concentração de ficocianina após a purificação com sulfato de amónio em todos os quatro métodos mostrou um aumento significativo em comparação com a fase de extração. Por conseguinte, ao aplicar diferentes tratamentos, a percentagem de pureza da ficocianina pode ser aumentada, o que depende da aplicação da ficocianina em várias indústrias (cosmética, higiene, alimentar, farmacêutica e laboratorial). Estudos demonstraram que, quando se utilizam métodos combinados, como sulfato de amónio, diálise e cromatografia de permuta iónica, a percentagem de pureza da ficocianina pode ser significativamente aumentada (Yu et al., 2017; Jerley e Prabu, 2015; Moraes et al., 2010). Estudos demonstraram que, quando o rácio A620/A280 é superior a 4, a ficocianina extraída é de qualidade laboratorial e farmacêutica, e quando este valor se situa entre 0,7 e 3,9, é adequada para utilizações alimentares e cosméticas (Motoolak shemi, 2012). A ficocianina purificada extraída neste estudo é adequada para uso em produtos alimentares e cosméticos (1,135). De Jesus et al. (2016), no seu estudo sobre vários métodos de purificação de ficocianina, tais como cromatografia de troca iónica, ultracentrifugação, eletroforese, cromatografia de filtração em gel, ultrafiltração, quitosano, carvão ativado, sulfato de amónio, ionização por chama e uma combinação destes métodos centrados em microalgas como Spirulina, Anabaena, Porphyra, Aphanocapsa, avaliaram as vantagens e desvantagens dos métodos. A utilização de sulfato de amónio na primeira fase seguida de ultrafiltração aumenta significativamente a percentagem de pureza da ficocianina. O sulfato de amónio, por si só, não é capaz de aumentar significativamente a pureza da ficocianina e, de facto, a purificação é relativamente realizada. Forouki et al. (2003) utilizaram ultra-sons a uma frequência de 28 kHz e ultracentrifugação a uma velocidade de 200.000 g para a extração e purificação de ficocianina no seu estudo. Saran et al. (2016) utilizaram 10% e depois 100% de sulfato de amónio para a purificação inicial da ficocianina seguida de diálise. O sulfato de amónio foi gradualmente adicionado às amostras no passo inicial de purificação e o seu nível de saturação aumentou gradualmente. A concentração mais elevada de ficocianina na fase inicial pertencia a 50% de sulfato de amónio e as amostras foram posteriormente purificadas por diálise. No presente estudo, o nível de saturação do sulfato de amónio foi de 40%, sendo que valores próximos (30% e 50%) têm sido utilizados em vários estudos (Yu et al., 2017, Jerley e Prabu, 2015). Num estudo realizado por Kumar et al. (2014), foram utilizados 60% de sulfato de amónio, diálise e cromatografia de troca iónica para a purificação da ficocianina. Os resultados mostraram que a pureza da ficocianina era de 1,5, 2,93 e 4,58, e a sua concentração era de 123,8, 601,4 e 413 μg/ml, respetivamente, que são semelhantes aos resultados do sulfato de amónio no presente estudo. Antelo et al. (2010) utilizaram várias soluções, tais como 15% de polietilenoglicol 1500, 15% de fosfato de potássio, 13% de polietilenoglicol 4000, 5% e 18% de sal para a purificação de ficocianina, e os resultados mostraram que a concentração de corante variou de 1,6-2,67 mg/ml e a sua pureza variou de 0,73-0,79, que foi menor em comparação com o presente estudo, indicando a maior eficiência do sulfato de amónio em comparação com as soluções acima. Yu et al. (2017) utilizaram 30% de sulfato de amónio para a purificação inicial da ficocianina e vários métodos de cromatografia, tais como cromatografia de troca iónica, cromatografia em coluna de hidroxiapatite e cromatografia hidrofóbica para uma maior pureza do corante. Os resultados mostraram que, após a utilização de métodos de cromatografia, a concentração e a percentagem de pureza da ficocianina aumentaram significativamente. Por conseguinte, ao adotar métodos adequados para a purificação deste corante, é possível obter uma pureza mais elevada para utilização em ciências médicas, como a marcação de antigénios ou anticorpos.

Jerley e Prabu (2015) utilizaram sulfato de amónio a 50%, diálise e cromatografia de troca iónica para a purificação da ficocianina no extrato bruto. Os resultados mostraram que, à medida que o processo de purificação melhorava, a pureza e a concentração da ficocianina extraída aumentavam. Na purificação inicial com sulfato de amónio, a percentagem de pureza aumentou em comparação com a amostra bruta (de

0,912 para 1,059), sendo a pureza final ligeiramente inferior à do presente estudo (0,82-0,825 para 1,128-1,135).

### Nano-revestimento de ficocianina

Neste estudo, foi utilizado um rácio de 1:1 de maltodextrina e caseinato de sódio para o nanorevestimento de ficocianina com um rácio de 4:1 para os revestimentos em relação ao núcleo. A eficiência do nanocoating de ficocianina foi de 73,41%, indicando a elevada eficácia deste processo. As partículas nanocoladas apresentavam forma esférica, com o maior pico nos resultados do analisador de tamanho de partículas relacionado com o revestimento composto de maltodextrina e caseinato de sódio com uma densidade e tamanho de 73,3% e 381,7%, respetivamente, e o maior tamanho da partícula nanocolada na microscopia eletrónica de varrimento foi de 221,2 nm. Quirós-Sauceda et al. (2014) no seu estudo sobre a aplicação de revestimentos alimentares para o nanocoating de compostos antioxidantes, substâncias antimicrobianas, agentes aromatizantes, probióticos e compostos ativos, mencionaram que este processo liberta gradualmente substâncias bioativas, prolongando a sua durabilidade e efeitos a longo prazo. Para além das propriedades mencionadas, o processo de nanorrevestimento regula a humidade, as trocas gasosas, as reacções oxidativas e altera as propriedades mecânicas, sensoriais e funcionais dos materiais nanorrevestidos.

Özkan e Bilek (2014) investigaram o processo de nanorrevestimento em corantes alimentares e salientaram que os revestimentos utilizados para nanorrevestimento devem possuir características como propriedades de formação de película, propriedades emulsionantes, digestibilidade, estabilidade no trato digestivo, viscosidade adequada, relação custo-eficácia e baixa higroscopicidade. A maltodextrina é um polissacárido que contém glicose alfa 1 e 4, produzido pela hidrólise ácida do amido. Esta substância é altamente solúvel em água, tem baixa viscosidade, é inodora, ligeiramente doce e incolor quando dissolvida. A maltodextrina está disponível em diferentes equivalentes de dextrose (DE) e o seu peso afecta a densidade da parede. Por exemplo, o DE 10-20 é utilizado para nanocarregar antocianinas e compostos fenólicos, e o aumento do DE aumenta a estabilidade das substâncias bioactivas contra a oxidação. Um dos principais inconvenientes desta substância é a baixa emulsificação e a fraca capacidade de preservar substâncias aromatizadas. A maltodextrina é derivada de fontes de amido como a batata, o milho e o trigo. Devido à sua elevada solubilidade em água e à sua natureza incolor e inodora, a maltodextrina é um dos materiais polissacáridos mais importantes para o nanocoating de várias substâncias, incluindo extractos de plantas e corantes químicos e biológicos. O caseinato de sódio, ao contrário da caseína, não é solúvel em água e a sua solubilidade aumenta com a temperatura da água. Esta substância exibe boas propriedades surfactantes e emulsionantes, e os materiais revestidos por caseinato de sódio apresentam menor permeabilidade a parâmetros ambientais como o vapor de água e o oxigénio (Yan et al., 2014, Machado et al., 2014, Zuidam & Nedović, 2010). Dewi et al. (2016) utilizaram maltodextrina e carragenina (numa proporção de 1:9) para o nanocoating de ficocianina. Os resultados mostraram que o nanorrevestimento de ficocianina aumentou as suas propriedades antioxidantes (semelhantes aos resultados do presente estudo) e protegeu-a contra a oxidação, resistência ao calor e substâncias bioactivas activadas. Quando foi utilizada uma combinação de revestimentos, o produto final foi preservado contra a oxidação, ao contrário das amostras com um único revestimento, em que esta propriedade foi menos proeminente. A principal razão para a melhoria das condições antioxidantes nas formas com nanocamadas é o aumento relativo da ficocianina nestas condições (aumento da carga). Os estudos de Dewi mostraram também que as formas das partículas ao microscópio eletrónico eram esferas regulares e que, com o aumento da concentração de carragenina ou de maltodextrina, a forma esférica se alterava. No presente estudo, foi utilizada uma proporção de 1:1 de maltodextrina e caseinato de sódio para o nanorevestimento de ficocianina, e a forma microscópica das partículas também era de esferas regulares. A carragenina, devido à sua natureza de goma e alta viscosidade, leva à formação de formas irregulares de partículas, enquanto a maltodextrina e o caseinato de sódio têm menor viscosidade. Dewi et al (2017) verificaram que, com o aumento da concentração de carragenina, a eficiência do nanocoating diminuiu e, com o aumento da viscosidade do meio, a permeabilidade da camada diminuiu, causando distúrbios no fluxo de ar durante a secagem e, consequentemente, reduzindo a eficiência do produto final nanocoated. No presente estudo, ao utilizar revestimentos com menor viscosidade e ao utilizar um sistema de liofilização para a secagem, a eficiência da ficocianina nanocoated aumentou. No estudo de Hadiyanto et al (2017), o alginato de sódio foi utilizado para o nanorrevestimento de ficocianina para aumentar a estabilidade. A proporção de ficocianina para revestimento foi de 1:1 e, com o aumento da concentração de alginato, a eficiência do processo aumentou, atingindo 71,75% na concentração de 2,5%, enquanto foi de 53,53% na concentração de 1,5%. Neste estudo, foi utilizada uma proporção de 4:1 de revestimentos para ficocianina para produzir partículas de ficocianina em nanoescala, utilizando maltodextrina e caseinato de sódio, e a eficiência do processo foi de 73,41%. Para processos de nanocoating e produção de nanopartículas, a proporção de revestimentos para o núcleo varia de 2 a 10, para garantir que o processo seja efetivamente executado (Machado et al., 2014). Dewi et al (2017) utilizaram vários revestimentos, incluindo alginato e carragenina em combinação com maltodextrina para nanocoating de ficocianina. O método utilizado para a secagem final foi a liofilização (semelhante ao método utilizado no presente estudo). Os resultados mostraram que a combinação de alginato e maltodextrina teve melhores resultados, estabilizando a cor azul da ficocianina mais do que os outros tratamentos, com o maior rendimento do produto e eficiência do processo (83,09 e 35,91%, respetivamente) atribuídos a este tratamento. A eficiência do processo de nanocoating neste estudo foi inferior à do presente estudo (73,41%). A eficiência do processo de nanocoating é influenciada pelo tipo de revestimento utilizado, pelas propriedades hidrofóbicas e hidrofílicas e pelos parâmetros físico-químicos. No estudo de Holcombe et al (2016), a eficiência do nanocoating foi relatada como 89,71%, o que é maior do que o presente estudo. No estudo de Suzery et al (2017), foi mencionado o nanocoating de ficocianina com quitosana, e os resultados mostraram que a quitosana com uma concentração de 3% teve a maior eficiência de nanocoating, o que se alinha com os resultados do presente estudo. As formas de microencapsulação eram esféricas e o seu tamanho variava entre 900-1000 μm, semelhante ao do presente estudo em termos de forma, mas significativamente mais pequeno em termos de tamanho (51,4-221,2 nm). A eficiência e a carga de ficocianina no estudo de Suzery et al foram de 60,9% e 22,1%, respetivamente, que foram menores em comparação com o presente estudo. Yan et al (2014) utilizaram o método de extrusão, com dois revestimentos de quitosana e alginato em diferentes concentrações, juntamente com cloreto de cálcio para nanocobertura de ficocianina. Os resultados mostraram que o revestimento combinado de quitosana e alginato levou à produção de partículas esféricas regulares em tamanhos menores e maior estabilidade térmica para a ficocianina nanocoating neste tratamento em comparação com outros. O quitosano, devido à sua estrutura densa, para além da elevada viscosidade, aumenta a estabilidade da ficocianina em comparação com o tratamento de controlo. A eficiência do processo de nanocoating em diferentes tratamentos variou de 30,69 a 68,48%, que foi inferior à do presente estudo, o que indica a eficácia superior do revestimento combinado de maltodextrina e caseinato de sódio. No presente estudo, foram utilizados dois métodos de ultra-sons e homogeneização de alto cisalhamento como processos complementares. Com o uso desses dois métodos, não houve mais a necessidade de secagem das amostras por spray drying, pois a combinação desses dois métodos aumentou a porcentagem de formação de nanopartículas nanoencapsuladas, e com o uso da liofilização, os objetivos desejados puderam ser alcançados. Machado et al. (2014) utilizaram os métodos de ultrassom e homogeneização de alto cisalhamento para produzir spirulina nanoencapsulada com lipossomas. O processo de ultrassom foi feito a uma frequência de 40 kHz, uma temperatura de 60°C por 30 min, e homogeneização a 10.000 rpm por 15 min. No presente estudo, foi utilizada uma combinação desses dois métodos, com a diferença de que o ultrassom foi realizado a uma freqüência de 40 kHz por 15 min e a uma temperatura de 40°C. O processo de homogeneização foi semelhante em ambos os estudos. Os resultados mostraram que o tamanho médio das partículas e a eficiência do processo de encapsulamento em ambos os métodos de ultrassom e homogeneização foram 279,53 nm e 79%, e 303,97 nm e 90%, respetivamente. O tamanho das partículas produzidas no presente estudo foi inferior ao do estudo anterior, indicando que os revestimentos foram mais bem influenciados pelo processo combinado utilizado e podem não reduzir o tamanho das partículas para o nível desejado quando são utilizados métodos individuais. A eficiência de encapsulamento no estudo de Machado et al. foi maior do que no presente estudo. Os lipossomas, devido à sua natureza hidrofílica e hidrofóbica, são revestimentos utilizados para encapsular materiais à base de lípidos (por exemplo, óleos essenciais) e à base de proteínas com elevada eficiência. Machado et al. também mostraram que a homogeneização foi melhor do que o ultrassom, e o formato das partículas neste método foi mais regular. Assis et al. (2014) relataram eficiências de encapsulamento de 87% e 92% para extratos metanólicos e etanólicos de spirulina utilizando o processo de encapsulamento. O tipo de método utilizado, o tipo de revestimento e o tipo de amostra afectarão o tamanho das partículas e a eficiência do encapsulamento .Karthik e Anandharamakrishnan (2012) relataram que, ao utilizar a liofilização para secar compostos bioactivos, devido à sublimação do gelo durante o processo de secagem, formam-se cavidades de microcápsulas na superfície do produto, acelerando o processo de oxidação. Por conseguinte, devem ser escolhidos revestimentos que proporcionem a máxima proteção do núcleo contra a oxidação. Um dos estudos realizados nesta investigação avaliou a libertação da ficocianina nanoencapsulada em condições gástricas (pH=1,2) e intestinais (pH=7,4) simuladas. Os resultados mostraram que a percentagem de libertação de ficocianina a pH 1,2 foi baixa nas primeiras 2 h (13,52%), mas com uma mudança de pH para 7,4, a libertação aumentou para 71,19% em 4 h. A mudança de pH de ácido para neutro aumentou a permeabilidade das paredes revestidas e, consequentemente, aumentou a percentagem de libertação de ficocianina. Hadisiani et al. (2016) relataram que a libertação de ficocianina a pH 2 foi baixa e, com um aumento do pH para 7,4, a libertação aumentou logaritmicamente, o que é consistente com os resultados do presente estudo, indicando que a libertação de ficocianina em condições de pH baixo (condições gástricas) é lenta, mas ocorre rapidamente em condições quase neutras (condições intestinais). O tipo de revestimento utilizado na libertação do núcleo terá um impacto. Quando se utiliza apenas um revestimento proteico, as condições gástricas ácidas hidrolisam as proteínas, levando à libertação do núcleo, mas quando se utiliza uma combinação de proteínas e polissacáridos, o processo de libertação será mais lento. Os resultados da libertação de ficocianina no estudo de Suh et al (2016) mostraram uma libertação rápida nas 2 horas iniciais em condições ácidas (53%) e, em seguida, o processo de libertação abrandou em condições alcalinas e manteve-se constante (57%). Os resultados do estudo são contrários aos do presente estudo .Além disso, deve notar-se que o quitosano não tem uma capacidade significativa para encapsular materiais (para libertação intestinal) devido à sua dissolução em ambientes ácidos e deve ser utilizado em combinação. Atualmente, o quitosano é amplamente utilizado como veículo ou transportador para a libertação de fármacos. Yan et al. (2014) relataram que a liberação de ficocianina de revestimentos em condições ácidas foi mais lenta do que em condições alcalinas, onde nessas condições, a porcentagem de liberação no tratamento combinado foi de 95,02% nas primeiras 4 h. Para o tratamento com alginato isoladamente, a taxa de liberação nas primeiras 3 h foi de 74,14%. A percentagem de libertação em ambos os tratamentos foi mais elevada em comparação com o tratamento combinado utilizado no presente estudo, o que está relacionado com a concentração e a natureza dos revestimentos utilizados.

## Avaliação das propriedades antioxidantes

Para investigar as propriedades antioxidantes da ficocianina pura e da ficocianina nanoencapsulada, foram utilizados três métodos de DPPH, FRAP e ensaios de quelação de metais. Os resultados mostraram que uma concentração de 500 mg/ml foi melhor do que 200 µg/ml em ambas as formas (57,22, 0,061 e 51,45 para a forma pura e 58,56, 0,063 e 45,48 para a forma nanoencapsulada no tempo zero e 50,32, 0,053 e 45,32 para a forma pura e 56,14, 0,060 e 53.25 para a forma nanoencapsulada aos 60 dias) e a estabilidade da forma nanoencapsulada foi maior do que a ficocianina pura aos zero e 60 dias, e o tempo de armazenamento não teve um efeito significativo nas propriedades antioxidantes da ficocianina nanoencapsulada . Dewi et al. (2016) relataram que a microencapsulação de ficocianina com maltodextrina e carragenina aumenta as propriedades antioxidantes e protege-a da oxidação. Os resultados do estudo mencionado foram consistentes com o presente estudo e mostraram que a ficocianina nanoencapsulada em maltodextrina e caseinatos de sódio teve maior estabilidade após 60 dias de armazenamento. A principal razão para melhorar as condições antioxidantes nas formas nanoencapsuladas foi o aumento relativo da ficocianina nessas condições (aumento da carga). Suzery et al. (2016) indicaram um aumento nas propriedades antioxidantes da ficocianina nanoencapsulada em quitosana 3%. No presente estudo, as propriedades antioxidantes da ficocianina nanoencapsulada foram superiores às da forma pura em diferentes momentos. Ao realizar o processo de nanoencapsulação, a capacidade de carga da ficocianina aumentou e, devido à libertação gradual, as suas propriedades antioxidantes mantiveram-se. Quirós-Sauceda et al. (2014) mencionaram a eficiência dos revestimentos de polissacarídeos, proteínas e lípidos, causando alterações físicas, mecânicas e de desempenho, incluindo as propriedades antioxidantes de vários pigmentos e substâncias bioactivas. Hadiyanto e colegas (2017) relataram que o alginato de sódio melhora as propriedades antioxidantes da microencapsulação de ficocianina. Martınez-Palma et al (2015), num estudo sobre proteínas hidrolisadas e polifenóis de spirulina, demonstraram que as propriedades antioxidantes dos péptidos resultantes da hidrólise eram superiores às dos polifenóis e causavam uma quelação dupla de ferro e cobre. A ficocianina é um pigmento proteico da família das ficobiliproteínas com propriedades antioxidantes. A hidrólise realizada no estudo mencionado afecta a proteína ficobiliproteína, que inclui três proteínas: ficocianina, ficoeritrina e aloficocianina, que constituem 60% da proteína total. Na extração enzimática realizada no presente estudo, a enzima lisozima decompõe a parede da espirulina e hidrolisa-a, separando vários componentes da ficobiliproteína, à semelhança do mecanismo utilizado no estudo acima referido .No estudo de Jerley e Prabu (2015), foi utilizado o método DPPH para avaliar as propriedades antioxidantes da ficocianina, mostrando que a capacidade da ficocianina em desativar os radicais citados foi de 25,21%, inferior ao presente estudo. Estrada et al (2001) relataram um aumento das propriedades antioxidantes da ficocianina com o aumento da pureza, e a ficocianina como o principal componente do grupo das ficobiliproteínas é responsável pelas propriedades antioxidantes da spirulina. A percentagem de inibição do DPPH por este pigmento foi de 46,40%, o que é inferior na maioria dos casos em comparação com o presente estudo .As propriedades antioxidantes da ficocianina pura no presente estudo diminuíram após 60 dias de armazenamento a -18°C, o que se deveu à natureza proteica da ficocianina que reduziu algumas das suas propriedades funcionais sob congelação, incluindo as suas propriedades antioxidantes. No entanto, na forma nanoencapsulada, estas alterações não foram significativas, indicando a adequação dos revestimentos utilizados na estabilidade oxidativa da ficocianina. Em um estudo realizado por Ismaiel et al (2016), verificou-se que as propriedades antioxidantes da Spirulina foram superiores aos antioxidantes sintéticos BHT, e essa propriedade foi observada em uma ampla faixa de pH (7,5-11). No presente estudo, as propriedades antioxidantes da ficocianina foram inferiores às do BHT e do BHA. No estudo de Ismaiel et al, além da ficocianina, outros compostos antioxidantes, como polifenóis e carotenóides, também estavam presentes no extrato bruto, o que aumentou significativamente as propriedades antioxidantes. Num estudo realizado por Paliwal et al (2015), foram avaliados os extractos aquosos e metanólicos de três algas Spirulina, Lyngbya e Pseudoanabaena, e verificou-se que o extrato metanólico de Lyngbida tinha propriedades antioxidantes mais elevadas em comparação com as outras duas algas. Os resultados do estudo de Hossain et al. (2016) mostraram que a atividade FRAP da Spirulina era superior à de Oscillatoria, mas inferior à de Microcystis e Lyngbya, sendo a atividade DPPH superior à de Microcystis e inferior à de Lyngbya e Oscillatoria. Os resultados da atividade FRAP da ficocianina estudada nesta investigação foram superiores aos estudos de Sharathchandra e Rajashekhar (2013), Ismail et al. (2014) e Hossain et al. (2016). O potencial de quelação de metais na ficocianina pura diminuiu no dia 60 e foi estatisticamente significativo em comparação com o dia zero, mas essa tendência não foi significativa na ficocianina nanoencapsulada. Bremjo et al. (2008) referiram que a atividade antioxidante da ficocianina se deve à eliminação de radicais livres e à quelação de metais. Ismail et al. (2014) mostraram que a Spirulina platensis tem atividade antioxidante contra os radicais livres e a quelação de metais, enquanto a atividade de quelação de metais da Nostoc foi superior à da Spirulina e da Anabaena. As propriedades antioxidantes da Spirulina são atribuídas à ficocianina e a compostos como polissacáridos, vitaminas, carotenóides e minerais relacionados.

## Propriedades antimicrobianas

Para avaliar as propriedades antimicrobianas da ficocianina pura e da ficocianina nanoencapsulada neste estudo, foram utilizados dois métodos, incluindo o ensaio de difusão em ágar com medição das zonas de inibição e o método de diluição em tubos. Foram avaliadas diferentes concentrações de ficocianina (2,5, 5, 10, 20 e 25 µg/ml) em dois momentos, zero e 60 dias, e os resultados mostraram que, com o aumento da concentração de ficocianina, os seus efeitos antibacterianos também aumentaram, mas foram mais fracos em comparação com os antibióticos comerciais. Por outro lado, as propriedades antimicrobianas da ficocianina na forma nanoencapsulada foram preservadas melhor do que na forma pura e o armazenamento a 18 °C durante 60 dias não afectou significativamente os efeitos antimicrobianos da ficocianina. Os tamanhos das zonas de inibição entre as bactérias gram-positivas estudadas variaram entre 8,5 e 24,2 milímetros, sendo a Listeria mais sensível do que as outras bactérias gram-positivas, seguida do Staphylococcus aureus. Os tamanhos das zonas de inibição em bactérias gram-negativas variaram de 7,5 a 15,11 milímetros, sendo a Yersinia mais sensível do que a Escherichia coli. De um modo geral, as bactérias gram-positivas estudadas foram mais sensíveis do que as bactérias gram-negativas, com exceção do Enterococcus faecalis, que, apesar de ser uma bactéria gram-positiva, mostrou mais resistência do que as bactérias gram-negativas. Os resultados dos valores da concentração inibitória mínima (CIM) e da concentração bactericida mínima (CBM) neste estudo variaram consoante as concentrações de ficocianina utilizadas, formas puras e nanoencapsuladas, o tipo de bactérias e os diferentes tempos de incubação. A gama de CIM situou-se entre 50-400 e a gama de CBM entre 100-500 µg/ml, com a CIM mais baixa registada para Listeria monocytogenes e a CBM mais elevada registada para Streptococcus pneumoniae. Os valores de CIM e CBM em bactérias Gram-negativas nas formas pura e nanoencapsulada foram semelhantes, com uma concentração de 200 como CIM e concentrações de 400 e 500 como CBM para ficocianina pura no dia 0 e 60, e uma concentração de 500 para ficocianina nanoencapsulada. A sensibilidade ou resistência de uma bactéria a uma substância antimicrobiana depende de vários factores, como o tipo de bactéria, a composição da parede celular, a virulência, a produção de enzimas e metabolitos, etc. Estudos demonstraram que, em comparação com outros compostos fenólicos com propriedades antimicrobianas, os efeitos antimicrobianos da ficocianina são mais fracos (Anand e Cati, 2013; Alpatagkambora et al., 2016).

A fim de aumentar o prazo de validade dos produtos alimentares, reduzir a contaminação e atrasar o processo de deterioração química, têm sido utilizados conservantes químicos, que são menos visados em termos de efeitos secundários (mutagénicos, cancerígenos). Atualmente, estão a ser utilizados conservantes naturais (isoladamente ou em combinação com conservantes químicos em concentrações mais baixas). Para além de serem seguras, estas substâncias criam um sabor e aroma agradáveis e uma cor adequada nos produtos alimentares (Anand e Sati, 2013; Alpattakambura et al., 2016; Salas et al., 2017). Na indústria da aquacultura, para reduzir as infecções microbianas comuns, têm sido utilizados antibióticos comerciais que, para além de causarem resistência aos antibióticos em várias estirpes microbianas, os seus resíduos nos tecidos dos peixes também serão problemáticos. Por conseguinte, a utilização de conservantes naturais com propriedades antimicrobianas é mais desejável para os investigadores (Salas et al., 2017; Yousefian e Sheikh al-Islami, 2009; Song et al., 2014; Cerezuela et al., 2011).

Alguns dos conservantes naturais mais importantes incluem metabolitos microbianos (nisina, ácidos orgânicos, peróxido de hidrogénio, lactoperoxidase e protaminas) e compostos à base de algas (compostos fenólicos e pigmentos). Foram realizados estudos quantitativos sobre os efeitos antibacterianos da ficocianina na Spirulina, mas também foram avaliados os efeitos antimicrobianos da ficocianina extraída de outras cianófitas. Num estudo realizado por Situ et al. (2015), foram investigados os efeitos antibacterianos da ficocianina de Anabaena em Klebsiella pneumoniae, Escherichia coli, Staphylococcus aureus e Bacillus cereus. Os resultados mostraram que o Staphylococcus era mais sensível do que as outras bactérias e, com um aumento da concentração de ficocianina de 5 para 30 µg, os seus efeitos antibacterianos também aumentaram. No entanto, o potencial antibacteriano da ficocianina extraída da Anabaena foi maior do que o da ficocianina da Spirulina. Mohite et al. (2015) relataram que a redução percentual de bactérias sob a influência da ficocianina foi de 66,34%, 60%, 58,5%, 85% e 20% para Escherichia coli, Bacillus cereus, Bacillus subtilis, Staphylococcus aureus e Salmonella typhi, respetivamente. Com o aumento da concentração de ficocianina de 0,34 para 1,74 µg, os efeitos antibacterianos aumentaram significativamente, semelhante a este estudo. Relativamente à sensibilidade das bactérias estudadas, as bactérias gram-positivas foram mais sensíveis do que as bactérias gram-negativas, com a diferença de que o Streptococcus pneumoniae (resultados do estudo atual) e as bactérias gram-positivas formadoras de esporos como o Bacillus (resultados de Mohite et al.) foram mais resistentes do que outras bactérias.Os resultados dos estudos de Sarada e colegas (2011) sobre os efeitos antibacterianos da ficocianina (100 µg) utilizando dois métodos diferentes de difusão em ágar e diferentes métodos de diluição foram diferentes dos resultados do presente estudo, com o intervalo de CIM da ficocianina entre 5-50 µg/ml, enquanto no presente estudo foi entre 50-400 microgramas por mililitro. No estudo de Sarada et al, as bactérias Acinetobacter e Enterococcus foram resistentes a todas as concentrações utilizadas, enquanto no presente estudo, Staphylococcus aureus foi resistente a concentrações mais baixas, mas concentrações mais elevadas (500-400 µg/ml) tiveram efeitos inibitórios sobre esta bactéria. Moghadamshami e colegas (2012) estudaram os efeitos antimicrobianos da ficocianina em E. coli, Streptococcus, Pseudomonas, Bacillus e Staphylococcus aureus, e os resultados mostraram que, com o aumento da concentração de ficocianina, os seus efeitos antibacterianos também aumentaram (400 microgramas/disco de antibiograma), à semelhança do presente estudo. Entre as bactérias estudadas, Streptococcus e Staphylococcus foram respetivamente as bactérias mais sensíveis e resistentes, contrariando o presente estudo. A escolha das estirpes e espécies estudadas tem um impacto nos resultados dos testes antimicrobianos, afectando a sua resistência e sensibilidade a várias substâncias antimicrobianas, incluindo a ficocianina. O efeito antimicrobiano da microalga Spirulina, para além da ficocianina, é também atribuído a outros metabolitos, tais como compostos fenólicos e polissacáridos. El-Baz et al. (2013) relataram que o extrato etanólico de Spirulina tem efeitos antivirais contra vírus como o adenovírus tipo 7, o coxsackievirus B4, o astrovírus tipo 1, o rotavírus e o adenovírus tipo 4, capaz de reduzir 53,3%, 66%, 76,7%, 56,7% e 50% das suas populações, respetivamente. Bactérias como E. coli, Staphylococcus aureus, Salmonella typhi, Enterococcus faecalis e a levedura Candida albicans também foram afectadas pelo extrato alcoólico de Spirulina e o seu crescimento foi inibido. No estudo de Kumar et al. (2011), o metanol e o extrato etanólico de Spirulina foram utilizados para avaliar o crescimento de Staphylococcus aureus e Salmonella typhi, mostrando que o intervalo de concentração de 250-700 mg/l inibiu o seu crescimento, com a Salmonella a exibir mais resistência do que o Staphylococcus. Os resultados de GC-MS mostraram que o principal componente antimicrobiano das algas é o ácido gordo. Mala et al. (2009) relataram que o extrato aquoso de Spirulina platensis tinha efeitos antimicrobianos mais fortes em comparação com o extrato orgânico, contradizendo a maioria dos estudos sobre extração de algas e avaliação das suas propriedades antimicrobianas. Além disso, verificou-se que as bactérias gram-negativas eram mais resistentes do que as bactérias gram-positivas, o que é semelhante ao estudo atual. As bactérias gram-negativas, devido à presença de três camadas lipídicas e lipopolissacarídeos na sua parede celular, são menos afectadas por substâncias antimicrobianas.

**Avaliação de vários parâmetros na estabilidade da ficocianina**

A fim de avaliar os parâmetros ambientais na estabilidade da ficocianina tanto na forma pura como na forma nanoencapsulada, foram utilizados três factores de temperatura (10, 4 e 20 °C), pH (4,5, 5,5 e 7) e tempo (15, 30 e 45 dias), e as alterações na sua concentração foram examinadas utilizando métodos espectrofotométricos. Os resultados indicam que os efeitos da temperatura, pH e tempo individualmente, bem como os seus efeitos combinados (exceto a relação entre pH e temperatura), na concentração de ficocianina pura foram significativos. A concentração média de ficocianina pura com base em períodos de tempo de 15, 30 e 45 dias foi de 1,432, 1,1069 e 0,871, com base em temperaturas de 4, 10 e -20 °C foi de 1,203, 0,549 e 1,619, e com base em níveis de pH de 4,5, 5,5 e 7 foi de 1,221, 0,996 e 1,155 mg/ml, respetivamente. Os resultados do efeito dos parâmetros na concentração de ficocianina nanoencapsulada indicam que os efeitos da temperatura, do pH e do tempo individualmente, bem como os seus efeitos combinados (exceto a relação entre pH e temperatura e as alterações mútuas dos três factores), na concentração de ficocianina foram significativos. A concentração média de ficocianina nanoencapsulada com base em períodos de tempo de 15, 30 e 45 dias foi de 1,796, 1,714 e 1,643, com base em temperaturas de 4, 10 e -20 °C foi de 1,732, 1,630 e 1,792, e com base em níveis de pH de 4,5, 5,5 e 7 foi de 1,730, 0,703 e 1,722 mg/ml, respetivamente.

## O efeito mútuo da temperatura e do pH

A estabilidade da ficocianina (pura e nanoencapsulada) é mais elevada a temperaturas mais baixas e esta estabilidade é mais elevada a pH 4,5 em comparação com pH 7 e 5,5. Um dos métodos de preservação de materiais proteicos é a congelação e, nestas condições, ocorrem alterações mínimas na estrutura molecular da proteína. Com um aumento da temperatura, a estrutura da proteína é afetada, resultando numa diminuição da sua estabilidade. A ficocianina, sendo uma substância proteica, não está isenta desta situação e será afetada pelas condições ambientais. Um dos parâmetros eficazes na decomposição de materiais proteicos em diferentes condições de temperatura é o pH, e diferentes níveis de pH ácido, neutro ou alcalino têm efeitos diferentes. Os resultados deste estudo indicam que as menores alterações na estabilidade da ficocianina foram observadas a pH 4,5, mas com um aumento do pH para 5,5, a concentração de ficocianina é afetada, resultando numa diminuição da sua estabilidade. Os resultados das alterações mencionadas a pH 7 não dependeram das condições actuais e foram semelhantes aos de pH 5,4. Estudos demonstraram que quando a ficocianina é exposta a temperaturas mais elevadas (45 a 75), a sua estrutura proteica desnatura e, se este processo for irreversível, a sua estabilidade é reduzida. Além disso, estudos demonstraram que, a temperaturas mais elevadas, os efeitos do pH na estabilidade da ficocianina são mais pronunciados, mas este processo não tem uma tendência constante (Chaiklahan et al., 2012). Por exemplo, a pasteurização a temperaturas elevadas e tempos curtos (74 °C durante 1 min) não teve grande efeito na estabilidade da ficocianina, e a sua percentagem de estabilidade a pH 5, 6 e 7 situou-se entre 96-100%. A 50 °C, a estabilidade máxima da ficocianina foi a pH 6, mas esta tendência é a pH 5 a 60 °C. A estabilidade da ficocianina à temperatura ambiente após 10 dias foi de 80%, mas a suspensão que continha o pigmento era turva e malcheirosa. A utilização de vários conservantes, como a sacarose, a glucose e o cloreto de sódio, aumenta a estabilidade da ficocianina em diferentes condições de temperatura e pH (Chaiklahan et al., 2012). Os estudos de Antelo et al. (2008) mostraram que o extrato de ficocianina tem maior estabilidade a temperaturas elevadas e pH baixo, indicando uma relação inversa entre pH e temperatura. No estudo de Danesi et al. (2010), verificou-se que a ficocianina tem maior estabilidade em temperaturas mais baixas e pH 5,4 a 5, mas à medida que a temperatura aumenta para 40 a 68 ºC, a ficocianina desnatura rapidamente e precipita. A estabilidade da ficocianina aumentou ligeiramente a estas temperaturas e a pH 5,4, mas diminuiu rapidamente quando o pH desceu para 3, devido à influência das ligações de hidrogénio. Os resultados deste estudo indicaram um aumento da estabilidade da ficocianina a baixas temperaturas e a pH 5,4, mas não a pH 5,5. Os resultados também mostraram que a ficocianina nanoencapsulada tinha maior estabilidade ao pH e às temperaturas utilizadas em comparação com a ficocianina pura, mas os efeitos interactivos da temperatura e do pH não eram significativamente diferentes. O estudo de Dewi et al. (2016) confirmou este facto, mostrando que a ficocianina nanoencapsulada com maltodextrina e carragenina tinha maior estabilidade contra o aumento da temperatura e substâncias oxidativas. Hadiyanto et al. (2017) relataram que a estabilidade da ficocianina nanoencapsulada com alginato de sódio a 35, 45 e 55 °C foi maior do que o grupo de controlo, e a encapsulação da ficocianina tem uma relação direta com a sua resistência ao calor.

## O efeito mútuo da temperatura e do tempo

Em geral, as alterações na ficocianina pura a -18°C, de 15 a 45 dias, diminuíram de 1,78 para 1,47, o que é muito menor em comparação com as temperaturas de 4 e 10°C. A 10°C, a concentração de ficocianina, aos 30 e 45 dias, teve uma diminuição acentuada e situou-se entre 0,37 e 0,24, respetivamente. À medida que a temperatura de armazenamento da proteína aumenta, a sua estabilidade diminui, e a temperaturas mais elevadas, a estrutura espacial da proteína é afetada pela quebra de ligações entre e dentro das cadeias, causando a desnaturação da proteína e uma diminuição da sua estabilidade. Por conseguinte, existe uma relação inversa entre o aumento da temperatura e as alterações na absorção de luz da ficocianina e, à medida que a temperatura aumenta, a tendência para a diminuição da ficocianina ocorre num período de tempo mais curto. Sarada et al. (1999) relataram que a absorção de luz da ficocianina durante 6 dias de armazenamento a temperaturas de 4 e 9°C não mostrou mudanças significativas, mas com um aumento da temperatura para 30, 55 e 65°C, a absorção de luz da ficocianina diminuiu, de modo que a temperaturas de 55 e 65°C, a absorção de luz da ficocianina chegou a zero após 3 e 2 dias, respetivamente. Os resultados do relatório de Sarada são consistentes com os resultados do presente estudo, mostrando alterações na ficocianina a 4 °C (a pH 4,5, 5,5 e 7) e a 10 °C a pH 4,5, mas mostrando discrepâncias a 10 °C e pH 5,5. Os seus resultados indicam que a ficocianina pode tolerar uma gama de pH entre 4 e 5,7 quando armazenada a baixas temperaturas, sem que as ligações da cadeia proteica sejam afectadas, possuindo assim a estabilidade necessária. Esta caraterística é importante quando se utiliza a ficocianina como pigmento natural em vários produtos lácteos e gelados. Os resultados da investigação atual mostram que a estabilidade da ficocianina nanoencapsulada é mais elevada em diferentes temperaturas e durações de utilização em comparação com a ficocianina pura, com alterações significativas observadas relativamente aos efeitos interactivos da temperatura e do tempo. Em um estudo realizado por Suzery et al. (2016), foram mencionadas mudanças na temperatura da ficocianina pura e encapsulada em diferentes tempos, com resultados mostrando que a diminuição da concentração da ficocianina encapsulada foi menor com o aumento do tempo e da temperatura de armazenamento, indicando o efeito protetor da quitosana como revestimento para encapsular a ficocianina, o que é consistente com o presente estudo. Ao utilizar maltodextrina e caseinatos de sódio como revestimentos para ficocianina, as alterações na concentração de ficocianina foram mais lentas do que a ficocianina sem revestimentos após 45 dias de armazenamento a diferentes temperaturas.

**O efeito mútuo da temperatura, do tempo e do pH**

Relativamente à ficocianina pura, embora não se tenha verificado uma relação significativa entre o pH e o tempo, verificou-se que os efeitos mútuos das três variáveis estudadas têm uma correlação significativa. Os resultados desta investigação indicam uma maior estabilidade da ficocianina a pH 4,5 e 7, e uma instabilidade a pH 5,5. Um estudo realizado por Chaiklahan et al (2012) mostrou que a concentração de ficocianina a 4 °C tinha uma diminuição relativa após 120 dias, sendo esta tendência mais pronunciada a pH 5 em comparação com pH 6 e 7, com a maior estabilidade observada a pH 6. Dada a natureza proteica da ficocianina, parece que este pigmento é menos afetado pela poluição e degradação microbiana a temperaturas mais baixas e níveis de pH de 6 e 7, preservando a sua estrutura proteica, embora a sua concentração diminua significativamente. As alterações na concentração de ficocianina revestida com nanopartículas sob diferentes condições de temperatura, pH e tempo foram menores do que a ficocianina pura, mas as interacções entre estes três parâmetros não foram significativas. Um estudo realizado por Yan et al (2014) revelou que a ficocianina revestida com quitosano e alginato de sódio apresentou uma maior estabilidade contra a temperatura e a humidade em comparação com a amostra de controlo, com a estabilidade da forma composta a manter-se em 86,04% a 50 °C e, a 40 °C, a estabilidade da ficocianina no tratamento composto (alginato/quitosano) e alginato sozinho foi de 93,88% e 84,03%, respetivamente. Quirós-Sauceda et al. (2014) em seu artigo examinaram as propriedades dos revestimentos utilizados no processo de revestimento de nanopartículas, lembrando que a estabilidade do núcleo contra a luz, temperatura, pH e agentes oxidantes é uma caraterística fundamental dos revestimentos utilizados. O estudo de Özkan e Bilek (2014) também mencionou os revestimentos utilizados para o revestimento de nanopartículas de cores naturais, destacando uma das principais vantagens dos revestimentos utilizados: proteger as cores utilizadas contra parâmetros ambientais como temperatura, pH e enzimas.

## O efeito da luz e da escuridão na concentração de ficocianina

Para avaliar o efeito da luz e da escuridão, foram avaliadas amostras de ficocianina à temperatura ambiente (25 °C) sob duas condições de luz e escuridão e aos 14, 30 e 45 dias. As alterações nos parâmetros sob investigação em diferentes pontos de tempo foram significativas. Os resultados mostraram que a concentração de ficocianina pura e de ficocianina nanoencapsulada diminuiu com o aumento do tempo de armazenamento, e estes valores foram mais elevados à luz e com pH 5,5 em comparação com o escuro e com pH 4,5 e 7. A concentração mais elevada de ficocianina pura em condições de luz e escuridão foi de 0,963 e 1,110 miligramas por mililitro, respetivamente, que diminuiu para zero após 30 e 45 dias. Estes valores para a ficocianina nanoencapsulada foram de 1,350 e 1,650 miligramas por mililitro, respetivamente, com uma diminuição para 0,544 e 0,230 miligramas por mililitro após 45 dias. A diminuição da ficocianina pura foi significativamente maior do que a da ficocianina nanoencapsulada. O armazenamento da ficocianina à temperatura ambiente, tanto à luz como no escuro, levou a uma diminuição da concentração das formas puras e nanoencapsuladas . Yan et al. (2014) referiram-se ao efeito de parâmetros ambientais, como a luz, na estabilidade da ficocianina e relataram que a ficocianina nanoencapsulada com quitosana e alginato teve maior estabilidade em comparação com a forma livre, o que foi consistente com o presente estudo e demonstrou maior estabilidade da ficocianina nanoencapsulada com maltodextrina e caseinato de sódio contra a luz à temperatura ambiente. Quirós-Sauceda et al. (2014) e Özkan e Bilek (2014) em seus estudos apontaram para uma das principais características dos revestimentos utilizados no processo de encapsulamento, que é a proteção do núcleo contra a luz. Nos revestimentos compostos, a percentagem de retenção de luz do núcleo foi mais elevada em comparação com os revestimentos simples, mas a natureza do revestimento em termos de viscosidade também é importante. Revestimentos como o alginato e a quitosana tinham uma viscosidade mais elevada e o desempenho dos núcleos nanoencapsulados nessas condições era superior, mas a desvantagem destes revestimentos é que, em concentrações mais elevadas, perturbam o processo de secagem, pelo que são utilizados outros revestimentos, como a maltodextrina, com concentrações mais elevadas combinadas com gomas como a carragenina, em concentrações mais baixas (Dewi et al., 2016; Dewi et al., 2017).

## O efeito da ficocianina nas propriedades de qualidade do gelado

A fim de avaliar o efeito da ficocianina nos parâmetros de qualidade e nos indicadores sensoriais do gelado, foram utilizadas concentrações de 100 para a ficocianina pura e de 500 microgramas por mililitro para a ficocianina revestida com nanopartículas, tendo sido examinados vários parâmetros.

### pH

Os valores de pH nos tratamentos testados variaram de 6,67 a 6,74, com os valores mais baixos e mais altos pertencendo aos tratamentos contendo ficocianina pura e revestida com nanopartículas. Geralmente, as gomas aumentam o pH devido à sua interação com outros componentes do gelado, especialmente as proteínas (Rasouli et al., 2017). No entanto, os revestimentos utilizados neste estudo levaram a uma diminuição relativa do pH. No entanto, a ficocianina sem revestimento aumentou o pH. No estudo de Kerdchouay P. e Surapat (2012), o soro de leite concentrado foi utilizado como um substituto relativo do leite em pó no gelado. Os resultados mostraram que o soro de leite concentrado diminuiu o pH do gelado, aumentou a floculação da proteína do soro de leite e transformou-a de nanómetros em micrómetros. Por conseguinte, a diminuição parcial do pH neste estudo deveu-se provavelmente à utilização de caseinatos de sódio como revestimento para o revestimento de nanopartículas de ficocianina.

**Viscosidade**

Os valores mais elevados e mais baixos de viscosidade estavam relacionados com o tratamento contendo ficocianina revestida com nanopartículas (1140 cP) e o controlo (870 cP). A adição de ficocianina pura não teve grande efeito na viscosidade. Os polissacáridos, as proteínas e as gomas, mesmo em pequenas quantidades, causam alterações consideráveis nas propriedades reológicas, como a viscosidade aparente do gelado. Este fenómeno deve-se à formação de uma rede tridimensional e à formação de gel, bem como à flexibilidade limitada entre as unidades da cadeia polimérica e às interacções que ocorrem quando estão dispersas entre as cadeias poliméricas (Roullier e Jones, 1996). A viscosidade é um dos factores que influenciam a taxa de fusão do gelado, melhorando-a (Gohari-Ardabili et al., 2005). A razão para o aumento da viscosidade no tratamento com ficocianina revestida com nanopartículas no presente estudo foi a utilização de revestimentos de polissacáridos e proteínas. Estudos demonstraram que a adição de Spirulina (como aditivo proteico) a produtos lácteos (iogurte, leite, gelado) aumenta a viscosidade (Eslami-Meshkanani et al., 2014; Tavakoli Lahijani et al., 2015). Bolliger et al (2000) relataram em seu estudo sobre o efeito da goma guar na qualidade do sorvete que a adição dessa goma aumenta a viscosidade da mistura do sorvete, atribuindo o aumento da viscosidade à diminuição da água disponível e seu aprisionamento na mistura.

## Coeficiente de dilatação volumétrica ou de superação

O maior e o menor coeficiente de expansão de volume foram observados no grupo de controlo (41,45%) e na ficocianina nanoencapsulada (39,65%). A adição de ficocianina nanoencapsulada resultou numa diminuição significativa da quantidade de overrun, o que pode ser atribuído ao aprisionamento de moléculas de água pelos revestimentos utilizados e a um aumento da viscosidade. O aumento da viscosidade reduz a capacidade de dobrar a mistura e leva a que menos bolhas de ar sejam dispersas no gelado. Em alguns casos, a redução excessiva da viscosidade no overrun pode indicar um mau desempenho do estabilizador. Contrariamente aos resultados deste estudo, Soukoulis et al (2008) observaram que o aumento da CMC, da xantana, dos alginatos e da goma de guar resultou num aumento do overrun no gelado. Bahramparvar et al (2012) descobriram que a adição de goma de guar ao iogurte congelado até 0,15% aumentava o overrun, mas em níveis mais altos, devido ao aumento da viscosidade, o overrun diminuía. Mahdian e Karajian (2013) relataram um aumento paralelo da viscosidade e uma diminuição do overrun juntamente com um aumento da percentagem de inulina utilizada em formulações de gelado com baixo teor de gordura. Oghdai et al (2012) também demonstraram, num estudo semelhante, que o aumento da quantidade de goma de guar nas formulações de gelado seria acompanhado por uma diminuição do overrun. No estudo de Rasouli et al (2017), verificou-se que houve uma redução significativa do excesso após a utilização de spirulina. Parece que a raiz das contradições em relação às mudanças no overrun com o aumento dos níveis de estabilizantes deve ser procurada no impacto da viscosidade induzida por esses compostos no overrun.

## Dureza

Os resultados da presente investigação indicam que o nível mais baixo de firmeza em termos de Newton foi de 15,23 no tratamento com nano-revestimento de ficocianina e o nível mais elevado foi de 18,78 no tratamento de controlo, o que sugere que a adição de ficocianina e de revestimentos amolece o tecido do gelado. A firmeza do gelado, como fator indicador, tem sido considerada na medição do crescimento de cristais de gelo (Soukoulis et al., 2008), e quanto mais baixo for o nível, menor será o crescimento de cristais de gelo. Os revestimentos de gomas e polissacáridos, ao aumentarem a viscosidade e as propriedades de gel, são capazes de controlar o crescimento de cristais de gelo, controlando a penetração da água nos cristais de gelo. De facto, estes materiais actuam como agentes protectores do frio (Soukoulis et al., 2008). Os revestimentos utilizados neste estudo, com base no mecanismo acima descrito e com o aumento da viscosidade, resultaram numa diminuição da firmeza do gelado e impediram o crescimento de cristais de gelo. Milani e Koosha (2011) concluíram, num estudo sobre o efeito da goma de guar na textura do iogurte congelado, que a utilização de goma de guar na formulação de iogurte congelado com um aumento da concentração da fase não congelada leva a uma diminuição da firmeza do gelado.

## A taxa de fusão

As percentagens de fusão mais elevadas e mais baixas observadas neste estudo foram relativas aos tratamentos de controlo e de ficocianina nanoencapsulada, com 76,45% e 72,28%, respetivamente. Ao adicionar ficocianina e revestimentos de maltodextrina e caseinato de sódio, a percentagem de fusão do gelado diminuiu significativamente. A taxa de fusão do gelado terá um impacto significativo nas propriedades sensoriais do gelado (Milani e Koocheki, 2011). As alterações neste fator dependem do tipo e da quantidade de agente estabilizador. Geralmente, a taxa de fusão do gelado é influenciada por vários factores, tais como a quantidade de ar contido, a natureza dos cristais de gelo e a rede de glóbulos de gordura que se forma durante a congelação (Amiri e Ahmadi, 1393). Durante a fusão, o calor penetra gradualmente da parte exterior para a parte interior do gelado, provocando a fusão dos cristais de gelo. A água resultante da fusão dos cristais de gelo é dispersa na fase de soro não congelado, depois a mistura diluída passa através da estrutura do gelado e, finalmente, flui, tecnicamente conhecida como "choro" (Amiri e

Ahmadi, 1393). Os estabilizadores criam viscosidade, reduzindo a mobilidade das moléculas de água e o seu livre movimento entre as moléculas da mistura, melhorando assim a resistência do gelado à fusão. Além disso, diz-se que um dos factores mais significativos que afectam a diminuição da resistência à fusão do gelado é a instabilidade da sua fase gorda (Muse e Hartel, 2004). Parece que um dos factores eficazes na redução da taxa de fusão do gelado no tratamento contendo ficocianina nanoencapsulada no presente estudo é o poder emulsionante entre a ficocianina e os caseinatos de sódio com a gordura presente no leite, o que os torna resistentes à fusão. Rezaei et al. (1390) e Milani e Koocheki (2011) concluíram nos seus estudos que a adição de goma de guar ao iogurte congelado reduz a taxa de fusão do iogurte congelado. Soukoulis et al (2008) afirmaram que, ao aumentar a concentração destes hidrocolóides na fase de soro, a taxa de fusão das amostras diminui. Kerdchouay e Surapat (2012) referiram que 0,5% de soro de leite em pó reduz a percentagem de fusão do gelado.

**Os índices sensoriais**

Os índices sensoriais mostraram que o fator cor no tratamento que continha ficocianina pura atribuiu a pontuação mais elevada a si próprio, seguido dos tratamentos de nanopartículas de ficocianina e do controlo. A utilização de revestimentos específicos para a ficocianina nanoparticulada levou a uma diminuição da intensidade da cor azul escura em relação à ficocianina pura, resultando numa menor popularidade em relação à ficocianina pura. O sabor do gelado nos tratamentos que contêm ficocianina foi melhor do que o do controlo. Em termos de suavização da textura do gelado, o tratamento que contém ficocianina nanoparticulada obteve a pontuação mais elevada em termos de parâmetro de firmeza e diferiu significativamente dos outros tratamentos. A intensidade dos cristais, a viscosidade e a frescura nos tratamentos que contêm ficocianina foram inferiores aos do controlo, o que resultou em pontuações mais elevadas para os tratamentos que contêm ficocianina nanoparticulada e puro do que o controlo. O aumento da viscosidade é o principal fator de melhoria dos parâmetros recentes. Em relação à diminuição do crescimento dos cristais de gelo com o aumento da viscosidade aparente,

Bolliger et al. (2000), num estudo sobre a correlação entre o comportamento reológico e o crescimento dos cristais de gelo, anunciaram que, com o aumento da viscosidade aparente e do módulo de armazenamento, o crescimento dos cristais de gelo diminui. Kerdchouay P. e Surapat (2012) descobriram que o soro de leite concentrado melhorou os parâmetros sensoriais do sorvete (sabor, cristalização, viscosidade, sensação na boca), semelhante ao presente estudo, indicando a alta eficiência das nanopartículas de ficocianina com caseinatos de sódio e maltodextrina na otimização das propriedades sensoriais do sorvete. Em um estudo realizado por El-Zeini et al. (2016), foi utilizado extrato aquoso concentrado de queijo (como controle e 1%) para avaliar as alterações teciduais no sorvete aos 0 e 14 dias. Os resultados mostraram que as alterações tecidulares, incluindo a dureza, a viscosidade, a gomosidade e a mastigabilidade nas amostras de controlo e nas amostras que contêm queijo após 14 dias, com exceção da viscosidade, aumentaram. No entanto, a tendência das alterações nas amostras com queijo foi menor e, consequentemente, o produto produzido foi mais aceitável. No presente estudo, utilizando formulações de gelado compatíveis com gelado (maltodextrina e caseinatos de sódio), o produto produzido foi sensorialmente melhor do que a amostra de controlo e recebeu mais atenção. No tratamento contendo ficocianina pura, as maiores alterações foram na cor do produto, e as demais alterações não foram tão perceptíveis .Pandiyan et al. (2012) utilizaram 0,46% de extrato aquoso concentrado e os resultados mostraram que o tratamento com queijo optimizou a qualidade do gelado e foi consistente com os resultados das experiências deste estudo. Sonwane e Hembade (2014) utilizaram maltodextrina como substituto do creme de leite (a 10, 20, 30 e 40%) para a preparação de sorvete de baixa caloria, e os resultados mostraram que com o aumento da concentração de maltodextrina, os fatores sensoriais de cor, odor, sabor e aroma nos tratamentos contendo maltodextrina foram melhores do que o tratamento controle, e o tratamento de 30% apresentou os melhores resultados. Kumar et al. (2015) mostraram que a adição de revestimento de caseinato de sódio contendo nanocápsulas de curcumina (um componente da cor da cúrcuma) ao sorvete melhora o sabor do sorvete. Gobbi et al. (2016) relataram que, ao utilizar beta-caroteno microencapsulado em gelado, as alterações sensoriais no gelado formulado foram mais aceitáveis do que o tratamento de controlo. Na seleção de materiais a serem utilizados como aditivos ou substitutos de outra substância, deve-se atentar para a concentração, o tipo e a compatibilidade com a substância alimentícia base, para que não ocorram alterações indesejáveis na qualidade e nas características sensoriais do produto final. Neste estudo, foram utilizados 0,025% de maltodextrina, 0,025% de caseinato de sódio e 100 mg de ficocianina .Tendo em conta todos os factores, o tratamento com ficocianina pura não apresentou alterações significativas nos parâmetros de qualidade e sensoriais, para além da cor, enquanto o tratamento com ficocianina nanoencapsulada se revelou aceitável em termos de popularidade nos momentos investigados, embora o fator cor no tratamento com ficocianina pura tenha sido melhor do que nos outros tratamentos.

## Conclusão

Neste estudo, que foi realizado pela primeira vez no Irão após a cultura de algas Spirulina em meio Zarrouk modificado, foram utilizados diferentes métodos para extrair o pigmento ficocianina, e os resultados mostraram que o método enzimático foi mais eficiente em comparação com outros tratamentos. A ficocianina extraída, após relativa purificação, tinha propriedades de qualidade alimentar e higiénica. Os resultados do efeito da temperatura, do pH e da luz em diferentes alturas na estabilidade da ficocianina pura e nanoencapsulada mostraram que, em primeiro lugar, a forma nanoencapsulada tinha melhores propriedades em comparação com a forma pura e, em segundo lugar, as alterações na ficocianina a baixas temperaturas e pH 4,5 e 7 eram menores. As propriedades antioxidantes da ficocianina pura e nanoencapsulada, testadas utilizando os métodos DPPH, FRAP e de quelação de metais, mostraram que, em primeiro lugar, com um aumento da concentração de ficocianina, as suas propriedades antioxidantes aumentavam e, em segundo lugar, as propriedades antioxidantes na forma nanoencapsulada eram mais elevadas nos tempos zero e 60 em comparação com a forma pura. Os resultados dos efeitos antimicrobianos da ficocianina pura e nanoencapsulada indicaram que, em primeiro lugar, a sensibilidade às bactérias gram-positivas, especialmente à Listeria monocytogenes, era superior à das bactérias gram-negativas, com exceção da Streptococcus pneumoniae, em segundo lugar, os efeitos antimicrobianos aumentavam com o aumento da concentração de ficocianina e, em terceiro lugar, o tempo não tinha um efeito significativo nos efeitos antimicrobianos da ficocianina nanoencapsulada.

Quando a ficocianina foi adicionada ao gelado, verificou-se que a ficocianina pura aumentava significativamente a intensidade da cor do produto e tinha um perfil sensorial aceitável, sem efeito significativo na intensidade da cor ao longo do tempo. Do ponto de vista qualitativo, a ficocianina nanoencapsulada melhorou as propriedades de qualidade do produto, embora a intensidade da cor deste tratamento fosse inferior à da ficocianina pura, os outros parâmetros sensoriais continuavam a um nível aceitável. Por conseguinte, a ficocianina, especialmente na forma nanoencapsulada, pode ser utilizada como antioxidante ou corante biológico em produtos lácteos, bebidas e sobremesas devido à sua estabilidade em várias condições.

## Referências

Abalde J., Betancourt L., Torres E., Cid A. e Barwell C. (1998) Purificação e caraterização da ficocianina da cianobactéria marinha *Synechococcus* sp. IO9201, Plant Science, 136(1): 109-120.

Abdulrahman N.M. e Hamad Ameen H.J. (2014) Substituição de farinha de peixe por microalgas Spirulina no ganho de peso da carpa comum, na composição da carne e da sensibilidade e na sobrevivência. Jornal de Nutrição do Paquistão, 13(2): 93-98.

Acosta E. (2009) Bioavailability of Nanoparticles in Nutrient and Nutraceutical Delivery. Opinião atual em Ciência dos Colóides e das Interfaces, 14: 3-15.

Agustini T.W., Maruf W.F., Widayat B.A. e Hadiyanto W. (2017) Estudo sobre o efeito de diferentes concentrações de pasta *de Spirulina platensis* adicionada ao macarrão seco em suas características de qualidade. Ciência da Terra e do Ambiente 55, doi:10.1088/1755-1315/55/1/012068.

Akalin A. and Erisir D. (2008) Effects of Inulin and Oligofructose on the rheological characteristics and probiotic culture survival in low-fat probiotic ice cream. Microbiologia e Segurança Alimentar, 4: 184-188.

Akalin A.S., Unal G. e Dalay M.C. (2009) Influência da biomassa de *spirulina platensis* na viabilidade microbiológica de iogurtes tradicionais e probióticos durante o armazenamento refrigerado. Jornal Italiano de Ciência Alimentar, 21: 357-364.

Amiri R. Z. e Ahmadi M. A. (2013) Investigando a possibilidade de substituir a carboximetilcelulose nas características físicas e sensoriais do gelado. Journal of Food Industry Research, 24(2): 279-290. [Em persa]

Antelo F.S., Anschau A., Costa J. e Kalil S.J. (2010) Extração e purificação de C-ficocianina de *Spirulina platensis* em sistemas aquosos convencionais e integrados de duas fases. Revista da Sociedade Brasileira de Química, 21(5): 1-12.

Apt K.E., Collier J.L. e Grossman A.R. (1995) Evolution of the phycobiliproteins. Journal of Molecular Biology, 248: 79-96.

Assis L.M., Machado A.R., Motta A.S., Costa J.A.V. e Souza-Soares L.A. (2014) Desenvolvimento e caraterização de nanovesículas contendo compostos fenólicos das microalgas *Spirulina* cepa LEB-18 e *Chlorella pyrenoidosa*. Avanços em Física e Química de Materiais, 4: 6-12.

Bahramparvar M., Khodaparast M. H. H. e Razavi M. A. (2011) O efeito de estabilizadores seleccionados nas propriedades físico-químicas e sensoriais do gelado. Processamento e Produção de Alimentos, 1(1): 14-4. [Em persa]

Balseca, D.A.F. Reyes, K.S.C. V, M.E. 2024. Otimização de um meio de cultura alternativo para a produção de ficocianina de Arthrospira platensis em condições de laboratório. Microorganismos, 12(2). 1-13.

Barbarino E. e Lourenço S.O. (2005) Avaliação de métodos de extração e quantificação de proteínas de macro e microalgas marinhas. Journal of Applied Phycology, 17: 447-460.

Barberan F. A. (1997) Determinação da autenticidade de compotas de frutos através da análise de antocianinas por HPLC. Journal of the Science of Food and Agriculture, 73: 207-213.

Beristain C., Garcia H. e Vernon E. (1999) Misturas de maltodextrina de goma de mesquite (*Propopis juliflora*) como material de parede para óleo de casca de laranja encapsulado por spray-dried. Food Science and Technology International, 5(4):353-356.

Bermejo P., Pinero E. e Villar A.M. (2008) Capacidade de quelação de ferro e propriedades antioxidantes da ficocianina isolada de um extrato proteico de *Spirulina platensis*. Food Chemistry, 110: 436-45.

Bhowmik D., Dubey J. e Mehra S. (2009) Probiotic efficiency of *Spirulina platensis* stimulating growth of lactic acid bacteria. Jornal de Agricultura e Ciências Ambientais, 6(5): 546-549.

Bingula R., Dupuis C. e Pichon C. (2016) Estudo dos efeitos da betaína e/ou da C-ficocianina no crescimento de células A549 de cancro do pulmão in vitro e in vivo. Jornal de Oncologia, Artigo ID 8162952, 1-11.

Bleakley S. e Hayes M. (2017) Algal proteins: extraction, application and challenges concerning production. Foods, 6(33): 1-34.

Bolliger S., Wildmoser H., Goff H.D. e Tharp B.W. (2000) Relationships between ice cream mix viscoelasticity and ice crystal growth in ice cream. International Dairy Journal, 10: 791-797.

Capelli B. e Cysewski G.R. (2013) O segredo de saúde mais bem guardado do mundo' "Nautural Astaxanthin". 13[ed] , Cyanotech Corporation, pp189.

Cerezuela R., Meseguer J. e Esteban M.A. (2011) Conhecimentos actuais sobre a utilização de simbióticos na aquacultura de peixes: A review. Journal of Aquaculture Research & Development. doi:10.4172/2155-9546.S1-008, 2-7.

Chaiklahan R., Chirasuwan N. e Bunnag, B. (2012) Estabilidade da ficocianina extraída de *Spirulina sp*: Influência da temperatura, pH e conservantes. Process Biochemistry, 47, 659-664.

Chattopadhyay P., Chatterjee S. e Sen S.K. (2008) Biotechnological potential of natural food grade biocolorants. Jornal Africano de Biotecnologia, 7(17): 2972-2985.

Christaki E., Karatzia M., Bonos E., Florou-Paneri P. e Karatzias C. (2012) Efeito da *Spirulina platensis* dietética no perfil de ácidos gordos do leite de vacas leiteiras. Asian Journal of Animal and Veterinary Advances, 7: 597-604.

Chu W.L. (2012) Biotechnological applications of microalgae (Aplicações biotecnológicas de microalgas). Revista eletrónica internacional de ciência, medicina e educação, 6: 24-37.

Clarke C. (2004) The Science of ice cream. The Royal Society of Chemistry, 38-59.

Coustets M., Al-Karablieh N., Thomsen C. e Teissié J. (2013) Processo de fluxo para a electroextracção de proteínas totais de microalgas. Jornal de Biologia de Membranas, 246: 751-760.

Danesi E., Navacchi M., Takeuchi K., Frata M., Carlos J. e Carvalho M. (2010) Aplicação de *Spirulina Platensis* no enriquecimento proteico de produtos de panificação à base de Manico. Revista de Biotecnologia, 150: 311-321.

De Jesús V.C., Gutiérrez-Rebolledo G.A., Hernández-Ortega M. e et al. (2016) Methods for extraction, isolation and purification of C-phycocyanin: 50 years of research in review. Revista Internacional de Ciência Alimentar e Nutricional. 3(3): 2-10.

Demule M.C.Z., Decaire G.Z. e Decano M.S. (1996) Substâncias bioactivas da *Spirulina platensis*. Jornal Internacional de Botânica Experimental, 58: 93-6.

Deng R. and Chow T.J. (2010) Hypolipidemic, antioxidant and anti-inflammatory activities of microalgae *spirulina*. Cardivascular Therapeutic. 28: 33-45.

Desai K. e Park, H. J. (2005) Desenvolvimentos recentes na microencapsulação de ingredientes alimentares. Tecnologia de Secagem, 23: 1361-1394.

Deshmukh Y., Sirsat A., Hande P., Zele SH. e More, M. (2014) Preparação de gelado utilizando adoçante natural stevia. Jornal de Pesquisa em Ciência dos Alimentos, 5 (1): 30-33.

Dewi E.N., Purnamayati L. e Kurniasih R.A. (2017) Características físicas da ficocianina de microcápsulas de *Spirulina* usando diferentes materiais de revestimento com método de liofilização. Ciência da Terra e do Ambiente 55 .doi:10.1088/1755-1315/55/1/012060, 1-7.

Dewi E.N., Purnamayati L. e Kurniasih, R.A. (2016) Actividades antioxidantes de microcápsulas de ficocianina utilizando maltodextrina e carragenina como materiais de revestimento. Journal Technology (Sciences & Engineering), 78(4): 45-50.

Dezfulnejad M., Jahangirizadeh M. e Misbah M. (2012) O efeito da alimentação com spirulina nos factores sanguíneos e no sistema imunitário de *Pangasius hypophthalamus*. Journal of Animal Environment, 4(2): 25-31. [Em persa]

Dufosse L., Galaup P., Yaron A. e Ravishankar G.A. (2005) Microorganisms and microalgae as sources of pigments for food use: a scientific oddity or an industrial reality? Trends in Food Science & Technology, 16: 389-406.

El-Baz F.K., El-Senousy W.M., El-Sayed A.B. e Kamel, M.M. (2013) Actividades antivirais e antimicrobianas in vitro do extrato de *Spirulina platensis*. Jornal de Ciências Farmacêuticas Aplicadas, 3(12): 52-56.

El-Zeini H., El-Abd M. e El-Ghany Y. (2016) Efeito da incorporação de concentrado proteico de soro de leite nas propriedades químicas, reológicas e texturais do gelado. Journal of Food Processing & Technology, 7(2): 1-7.

Eriksen N.T. (2008) Production of phycocyanin, a pigment with applications in biology, biotechnology, foods and medicine, Applied Microbiology and Biotechnology, 80(1): 1-14.

Eslami-Meshkanani A., Fadai-Noghani V., Khosravi-Darani K. e Mazinani d. (2013) Investigando o efeito da adição de microalgas Spirulina platensis em algumas propriedades físico-químicas e sensoriais do leitelho probiótico contendo pó de menta. Jornal de Novas Ciências e Tecnologias Alimentares, 5(2): 59-70.[Em persa].

Estrada J.E., Besco P.B. e Del Fresno A.M. (2001) Antioxidant activity of different fractions of *Spirulina platensis* protean extract. Il Farmaco, 56: 497-500.

Fadaei, V., Mohamadi-Alasti, F. e Khosravi-Darani, K., 2013. Influência do pó de Spirulina platensis na viabilidade da cultura inicial em iogurte probiótico contendo espinafre durante o armazenamento a frio. Jornal Europeu de Biologia Experimental, 3(3), pp.389-393.

Fang, J.-Y., Lee, W.-R., Shen, S.-C., & Huang, Y.-L. (2006). Efeito do encapsulamento de lipossomas de catequinas de chá na sua acumulação em carcinomas de células basais. Journal of Dermatological Science, 42, 101-109.

Farahnoudi F. (1377) milk industry, (1st edition), Tehran Research and Education Jahad Publishing Company, Tehran. [Em persa].

Faraji D., Rezaei K. e Golmakani M. (2012) Otimização da produção de ficocianina a partir de algas spirulina em condições de cultivo. Tese de mestrado em indústria alimentar. Universidade Islâmica Azad, filial de Varamin. [Em persa]

Farooq S.M., Asokan D., Sakthivel R., Kalaiselvi P. e Varalakshmi P. (2004) Salubrious effect of C-phycocyanin against oxalate-mediated renal cell injury. Clinica Chemica Ata, 348(1-2):199-205.

Filimon R. (2010) Pigmentos vegetais com potencial terapêutico provenientes de produtos hortícolas. Seria Agronomie, 52: 668- 673.

Finamore A., Palmery M. e Bensehaila S. (2017) Actividades antioxidantes, imunomoduladoras e moduladoras microbianas da *Spirulina* sustentável e ecológica. Medicina Oxidativa e Longevidade Celular. /doi.org/10.1155/2017/3247528, 1-14.

Fleurence J., Massiani L., Guyader O. e Mabeau S. (1995) Utilização da degradação enzimática da parede celular para melhorar a extração de proteínas de *Chondrus crispus*, *Gracilaria verrucosa* e *Palmaria palmata*. Journal of Appllied Phycology, 7: 393-397.

Furuki T., Maeda S., Imajo S., Hiroi T., Amaya T. e Hirokawa, T. (2003) Extração rápida e selectiva de ficocianina de *Spirulina platensis* com rutura de células por ultra-sons. Journal of Applied Phycology, 15: 319-324.

Gami B., Naik A. e Patel B. (2011) Cultivo de espécies de *Spirulina* em diferentes meios líquidos. Jornal de Utilização de Biomassa de Algas, 2, 3, 15- 26.

Gantar M., Dhandayuthapani S. e Rathinavelu A. (2012) A ficocianina induz a apoptose e aumenta o efeito do topotecano na linha de células da próstata LNCaP. Jornal de Alimentos Medicinais, 15(12): 1091-1095.

Ghaeni M., Hashtroudi M. e Kadri F. (2011). Investigação de clorofila a e carotenóides em microalgas spirulina. Jornal de Biologia Marinha, 3(14): 1-7. [Em persa]

Ghaeni M., Matinfar A., Soltani M. e Rabbani M. (2011) Efeitos comparativos do pó *de spirulina* puro e de outras dietas no crescimento larvar e na sobrevivência do camarão-tigre verde, *Peneaus semisulcatus*. Jornal Iraniano de Ciências da Pesca, 10(2): 208-217.

Ghaeni M., Metinfar A., Soltani M. e Rabbani M. (2012). Cultivo laboratorial de Arthrospira platensis no Irão. Jornal de Biologia Marinha, 6(11): 39-49. [Em persa].

Gibbs B. F. (1999) Encapsulation in the food industry: A review. International Journal of Food Sciences and Nutrition, 50: 213-224.

Giri A. and Ramachandra H. (2013) Effect of incorporating whey protein concentrate into stevia-sweetened Kulfi on physicochemical and sensory properties. International Journal of Dairy Technology. 66: 286-290.

Gobbi J., Carvalho T. e Cristina, S. (2016) Caracterização e avaliação da aceitabilidade sensorial de gelados incorporados com beta-caroteno encapsulado em micropartículas lipídicas sólidas, Ciência e Tecnologia Alimentar, 36(4): 664-671.

Goettel M., Eing C., Gusbeth C., Straessner R. e Frey W. (2013) Extração assistida por campo elétrico pulsado de valores intracelulares de microalgas. Algal Research, 2: 401-408.

Goff H. e Hartel R. (2013) Ice cream. 7th . Springer New York Heidelberg Dordrecht London, 403-430.

Gohari-Ardabili A., Najafi M.B. and God worshiper M.H. (1384) Investigating the effect of replacing sugar with date juice on the physical and sensory properties of soft ice cream. Iran Food Science and Industry Research, 1(2): 23-32. [Em persa].

Gouveia L., Batista A. P., Sousa I., Raymundo A. e Bandarra N. M. (2008b) Food Chemistry Research Developments " Microalgae in novel food products" capítulo 2, Nova Science Publishers.

Gouveia L., Batista A., Raymundo A. e Bandarra N. (2008) Microalgas *Spirulina maxima* e *Diacronema vlkianum* em sobremesas de gelatina vegetal. Jornal de Ciências da Nutrição e Alimentação, 38: 492-501.

Gouveia L., Coutinho C., Mendonça E., Batista A., Bandarra N. e Raymundo A. (2008a) Bolachas funcionais com PUFA-omega-3 de *Isochrysis galbana*. Journal of the Science of Food and Agriculture, 88: 891-6.

Gouveia L., Raymundo A., Batista A., Sousa I. e Empis J. (2006) Biomassa de *Chlorella vulgaris* e *Haematococcus pluvialis* como corante e antioxidante em emulsões alimentares. Jornal Europeu de Investigação e Tecnologia Alimentar, 222: 362-367.

Granger C., Langendorff V., Renouf N., Barey P. e Cansell M. (2004) Short communication: impact of formulation on ice cream microstructures: an oscillation thermo-rheometry study. Dairy Science, 87: 810-812.

Graverholt O.S. e Erikse N.T. (2007) Culturas heterotróficas de *Galdieria sulphuraria* de alta densidade celular em regime de batelada alimentada e de fluxo contínuo e produção de ficocianina. Applied Microbiology and Biotechnology, 77(1): 69-75.

Grawish M.E. (2008) Effects of *Spirulina platensis* extract on Syrian hamster cheek pouch mucosa painted with 7, 12-dimethylbenz[a]anthracene. Oral Oncology, 44: 956-62.

Guarda A., Rosell C., Benedito R. e Galotto M. (2004) Different hydrocolloids as bread improvers and antistaling agent. Food Hydrocolloids, 18: 241-247.

Guldas M. e Irkin R. (2010) Influência do pó de *Spirulina plantensis* na microflora do iogurte e do leite acidófilo. Artigo científico original, 237-243.

Habib M.A.B., Parvin M., Huntington T.C. e Hasan M.R. (2008) A review on culture, production and use of *spirulina* as food for humans and feeds for domestic animals. Circular da FAO sobre Pescas e Aquacultura. No. 1034. Roma, FAO. 33p.

Hadiyanto H. e Suttrisnorhadi B. (2016) Otimização da superfície de resposta da extração assistida por ultrassom (UAE) de ficocianina da microalga *Spirulina platensis*. Emirates Journal of Food and Agriculture, 28(4):227-234.

Hadiyanto H., Suzery M., Majid D., Setyawan D. e Sutanto H. (2017) Encapsulamento de ficocianina-alginato para alta estabilidade e atividade antioxidante. Ciência da Terra e do Ambiente 55 .doi:10.1088/1755-1315/55/1/012030, 1-8.

Harnedy P.A. e FitzGerald R.J. (2013) Extração de proteínas da macroalga *Palmaria palmata*. LWT Food Science and Technology, 51: 375-382.

Hayashi K., Hayashi T. e Kojima IA. (a 1996) Polissacárido sulfatado natural, calcium spirulan, isolado da *Spirulina platensis*: avaliação in vitro e exvivo das actividades anti-herpes simplex e anti-virus da imunodeficiência humana. AIDS Res Hum Retroviruses, 12: 1463-71.

Hayashi T., Hayashi K., Maeda M. e Kojima I. (b 1996) Calcium spirulan, an inhibitor of enveloped virus replication, from a blue-green alga *Spirulina platensis*. J de Produtos Naturais, 59: 83-87.

Henrikson R. 2011 [citado em 2000]. Disponível em: http://www.spirulinasource.com/earthfoodch6c.html.

Hettiarachchi C. A. e Illeperuma, D.C.K. (2015) Desenvolvimento de um painel sensorial treinado para comparação de diferentes marcas de gelado de baunilha utilizando a análise sensorial descritiva. Jornal da Fundação Nacional de Ciências do Sri Lanka, 43(1): 45-55.

Higuera- Ciapara I., Felix-Valenzuela L. e Goycoolea F.M. (2006) Astaxanthin: A review of its chemistry and applications. Critical Reviews in Food Science and Nutrition, 46:185-196.

Hirahashi T., Matsumoto M., Hazeki K., Saeki Y., Ui M. e Seya T. (2002) Ativação do sistema imunitário inato humano pela *Spirulina*: aumento da produção de interferão e da citotoxicidade NK por administração oral de extrato de água quente de *Spirulina platensis*. International Immunopharmacology, 423-34.

Hogan S., McNamee B., O'Riordan E. e O'Sullivan M. (2001) Microencapsulation properties of sodium caseinate. Journal of Agriculturel and Food Chemistry, 49:1934-1938.

Holkem A.T., Raddatz G.C., Nunes G. L., Cichoski A. J., Jacob-Lopes E., Grosso C.R.F. e de Menezes C.R. (2016) Desenvolvimento e caraterização de microcápsulas de alginato contendo Bifidobacterium BB-12 produzidas por emulsificação/gelificação interna seguida de liofilização. LWT-Food Science and Technology,71: 302-308.

Hossain M.F., Ratnayake R.R., Meerajini K. e et al. (2016). Propriedades antioxidantes em algumas cianobactérias seleccionadas isoladas de massas de água doce do Sri Lanka. Food Science & Nutrition. 4(5): 753-758.

Hosseini S.M., Shahbazizadeh S., Khosravi-Darani K. e Mozafari M.R. (2013) *Spirulina paltensis*: Food and Function. Current Nutrition & Food Science, 9: 1-6.

Hsiao G., Chou P.H. e Shen, M.Y. (2005) C-phycocyanin, um inibidor de agregação plaquetária muito potente e novo da *Spirulina platensis*. Journal of Agricultural and Food Chemistry. 53(20):7734-40.

Instituto de Normalização e Investigação Industrial do Irão. (1973) gelado, norma nacional iraniana, norma iraniana número 52 .[Em persa].

Instituto de Normalização e Investigação Industrial do Irão. (2008) Gelado - características e métodos de ensaio, Norma Nacional do Irão, n.º 2450 .[Em persa].

Ismaiel M. M., El-Ayouty Y. M. e Piercey-Normorea M. (2016). Papel do pH na produção de antioxidantes por *Spirulina (Arthrospira) platensis*. Revista Brasileira de Microbiologia, 47: 298-304.

Ismaiel M.M., El-Ayouty Y.M. e Piercey-Normore M.D. (2014). Caracterização de antioxidantes em cianobactérias selecionadas. Anual. Microbiologia, 64: 1223-1230.

Jain C. (2000) Preparação de bolo e pão ricos em Spirulina e Selénio. Jornal da Universidade de Tecnologia de Zhengzhou. 25(1): 25-31.

Janczyk P., Wolf C. e Souffrant W.B. (2005) Avaliação do valor nutricional e da segurança da microalga verde *Chlorella vulgaris* tratada com novos métodos de transformação. Archiva zootechnica, 8: 132-147.

Jaswir I., Noviendri D., Hasrini R.F. e Octavianti F. (2011) Carotenóides: fontes, propriedades medicinais e sua aplicação na indústria alimentar e nutracêutica. Journal of Medicinal Plants Research, 5(33): 7119-7131.

Jerley A. A e Prabu D. M. (2015) Purificação, caraterização e propriedades antioxidantes da C-Phycocyanin de *Spirulina platensis*. Scrutiny International Research Journal of Agriculture, Plant Biotechnology and Bio Products, 2(1): 7-15.

Jespersen L., Strømdahl L.D., Olsen, K. e Skibsted, L.H. (2005) Estabilidade ao calor e à luz de três corantes azuis naturais para utilização em produtos de confeitaria e bebidas. European Food Research and Technology, 220: 261-6.

Joubert Y. e Fleurence J. (2008) Extração simultânea de proteínas e de ADN por tratamento enzimático da parede celular de *Palmaria palmata* (Rhodophyta). Journal of Appllied Phycology, 20: 55-61.

Joshi, Sr., Kaur, K, Mishra, T. 2014. Avaliar o cultivo em escala de laboratório de Spirulina usando diferentes substratos e avaliar seu conteúdo de clorofila e proteína. Int. Res. J. Biological Sci. 3(1), 22-30.

Joventino I.P., Alves L.C., Neves F., Pinheiro-Joventino A., Leal L.K e et al. (2012) A microalga *Spirulina platensis* apresenta ação anti-inflamatória e propriedades hipoglicemiantes e hipolipidémicas em ratos diabéticos. Journal of complementary & integrative medicine, 9. 10.1515/1553-3840.1534.

Kamble S.P., Gaikar R.B., Padalia R.B. e Shide K.D. (2013) Extração e purificação da C-ficocianina do pó seco de *Spirulina* e avaliação da sua atividade antioxidante, anticoagulante e de prevenção de danos no ADN. Jornal de Ciências Farmacêuticas Aplicadas, 3(8): 149-153.

Karadeniz A., Cemek M. e Simsek N. (2009) The effects of Panax ginseng and *Spirulina platensis* on hepatotoxicity induced by cadmium in rats, Ecotoxicology and Environmental Safety *2009; 72: 231-5.*

Karthik P. e Anandharamakrishnan C. (2012) Microencapsulação de ácido docosahexaenóico pelo método de liofilização por pulverização e comparação da sua estabilidade com os métodos de secagem por pulverização e liofilização. Tecnologia de bioprocessos alimentares. 6(10): 2780-2790.

Kerdchouay P. and Surapat S. (2012) Effect of skimmed milk substitution by whey protein concentrates in low-fat coconut milk ice cream. Jornal de Tecnologia de Processos Alimentares. 16(2): 25-34.

Khezri M., Rezaei M., Rabiei S. e Garmsiri E. (2016) Atividade antioxidante e antibacteriana de três algas do Golfo Pérsico e do Mar Cáspio. Ecopersia, 4(2), 1425-1435.

Khosravidaraie, K. Gholami, Z.e Gouveia L.2017. Efeito de Arthrospira platensis no prazo de validade, propriedades sensoriais e reológicas do strudel. Cartas Biotecnológicas Romenas Vol. 22, No. 1. 12250-12258.19.

Kleinegris D.M.M., Janssen M., Brandenburg W.A. e Wijffels R.H. (2011) Produção contínua de carotenóides a partir de *Dunaliella salina*. Enzyme and Microbial Technology, 48(3): 253-259.

Kozlenko R. e Henson RH. (1998) Latest Scientific Research on Spirulina: Effects on the AIDS virus, cancer and the immune system .

Krishnaveni K., Palanivelu K. e Velavan S. (2013) Efeito espiritualizante do probiótico e da spirulina no crescimento e no desempenho bioquímico da carpa comum (Catla catla). Revista Internacional de Pesquisa em Zoologia, 3(3): 27-31.

Kuddus M., Singh P., Thomas G. e Al- Hazimi A. (2013) Desenvolvimentos recentes na produção e aplicações biotecnológicas da C-ficocianina. BioMed Research International, Artigo ID 742859. 1-9

Kumar D., Kumar N. e Pabbi S. (2013) Otimização do protocolo para uma melhor produção de pigmentos em Spirulina. Jornal Indiano de Fisiologia Vegetal, 18(3): 308-312.

Kumar D., Wattal Dhar D. e Pabbi S. (2014) Extração e purificação de
C-ficocianina de Spirulina platensis (CCC540). Jornal Indiano de Fisiologia Vegetal, 19(2): 184-188.

Kumar D.D., Mann B., Pothuraju R., Sharma R., Bajaj R. e Minaxi L. (2016) Formulação e caraterização de curcumina nanoencapsulada usando caseína de sódio e sua incorporação em sorvete. Journal Food & Function, 1: 24-32.

Kumar V., Bhatnagar A.K. e Srivastava J.N. (2011) Antibacterial activity of crude extracts of *Spirulina platensis* and its structural elucidation of bioactive compound. Journal of Medicinal Plants Research, 5(32): 7043-7048.

Lee J.C., Hou M.F. e Huang H.W. (2013) Produtos naturais de algas marinhas com propriedades anti-oxidativas, anti-inflamatórias e anti-cancerígenas. Cancer Cell International, 13(55): 1-7.

Li B., Chu X. M., Gao M. H. e Li W. (2010) Mecanismo apoptótico das células da mama MCF-7 in vivo e in vitro induzido pela terapia fotodinâmica com C-ficocianina. Ata Biochimica et Biophysica Sinica, 42(1): 80-89.

Li B., Gao M.H. e Chu X.M. (2015) Os efeitos antitumorais sinérgicos do ácido all-trans retinóico e da C-ficocianina nas células A549 do cancro do pulmão in vitro e in vivo. Jornal Europeu de Farmacologia, 749: 107-114.

Liu L., Chen X., Zhang X., Zhang X. e Zhou B. (2005) Método de cromatografia de uma etapa para a separação e purificação eficientes da R- ficoeritrina de *Polysiphonia urceolata*. Journal of Biotechnology, 116: 91-100.

Liu L., Zhao Q., Liu T., Kong J., Long Z. e Zhao M. (2012) Interacções caseinato de sódio/carboximetilcelulose na interface óleo/água: Relação com a estabilidade da emulsão. Food Chemistry, 132(4): 1822-1829.

Loksuwan J. (2007) Characteristics of microencapsulated beta carotene formed by spray drying with modified tapioca starch, native tapioca starch and maltodextrin. Food Hydrocolloids, 21: 928-935.

Lupatini A., Colla LM. e Canan C. (2016) Potencial aplicação da microalga Spirulina platensis como fonte de proteína. Journal of the Science of Food and Agriculture, 97(3):724-732.

Machado A. R., Assis L. M., Costa J.A.V., Badiale-Furlong E., Motta A. S., Micheletto Y.M.S. e Souza-Soares L. A. (2014) Aplicação de sonicação e mistura para nanoencapsulação da cianobactéria *Spirulina platensis* em lipossomas. International Food Research Journal, 21(6): 2201-2206.

Madene A., Jacquot M., Scher J. e Desorby S. (2006) Flavour encapsulation & controlled release - a review. Jornal Internacional de Ciência e Tecnologia Alimentar, 41: 1-21.

Mahdian A., Karajian R. e Sabri S. (2012) Investigando o efeito da substituição da gordura do leite por inulina e concentrado de proteína do leite nas propriedades físico-químicas e sensoriais do gelado com baixo teor de gordura. Jornal de inovação em ciência e tecnologia de alimentos, 5 (4): 21-29. [Em persa]

Maki K., Davidson M., Tsushima R., Matsuo N., Tokimitsu I., Umpororowicz D., Dickeli M., Foster G., Ingram K., Anderson B., Frost S. e Bell M. (2002) O consumo de óleo de diacilglicerol como parte de uma dieta de baixo valor energético aumenta a perda de peso corporal e de gordura em comparação com o consumo de um óleo de controlo de triacilglicerol. American Society for Clinical Nutrition, 76: 1230-1236.

Mala R., Sarojini M., Saravanababu S. e Umadevi G. (2009) Rastreio da atividade antimicrobiana de extractos brutos de *Spirulina platensis*. Journal of Cell and Tissue Research, 9(3): 1951-1955 .

Malik P., Kempanna C., Murthy N. e Anjum N. (2013) Características de qualidade do iogurte enriquecido com *Spirulina* em pó. Mysore Journal of Agricultural Sciences, 47(2): 354-359, 2013.

Marrion O., Schwertz A., Fleurence J, Gueant J.L. e Villaume C. (2003) Melhoria da digestibilidade das proteínas da alga vermelha *Palmaria palmate* por processos físicos e fermentação. Molecular Nutrition and Food Research, 47: 339-344.

Marshall R.T. e Arbuckle W.S. (1996) The science of Ice cream. 5$^{th}$ ed. Torkashvand, Y. Eta. Teerão. [em persa].

Martelli G., Folli C. e Visai L. (2014) Melhoria da estabilidade térmica do corante azul C-Phycocyanin de *Spirulina platensis* para aplicações na indústria alimentar. Process Biochemistry, 49(1): 154-159.

Martınez-Palma N., Martınez-Ayala A. e Davila-Ortız G. (2015) Determinação da atividade antioxidante e quelante de hidrolisados proteicos de *spirulina (Arthrospira maxima)* obtidos por digestão gastrointestinal simulada. Revista Mexicana de Ingeniería Química, 14(1): 25-34.

Mary Leema J.T., Kirubagaran R., Vinithkumar N.V. e Dheenan P.S. (2010) Produção de pigmentos de elevado valor a partir de *Arthrospira (Spirulina) platensis* cultivada em água do mar. Bioresource Technology, 101: 9221-9227.

Mazinani S., Fadai V. e Khosravidarani K. (2014) Viabilidade de Lactobacillus acidophilus em queijo branco ultra-refinado sinbiótico contendo orégãos em pó e Spirulina platensis. Jornal de Ciências Nutricionais e Indústrias Alimentares do Irão, 9(4): 109-116. [Em persa].

Mazinani SA, Fadaei V, e Khosravidaraei K. (2014) Viabilidade de Lactobacillus acidophilus em queijo branco fermentado com uma combinação de sinbióticos contendo tomilho da montanha em pó e Spirulina platensis. Jornal Iraniano de Ciências da Nutrição e Tecnologia Alimentar, 9(4): 109-116. [Em persa].

McClements D.J. (1995) Advances in the application of ultrasound in food analysis and processing (Avanços na aplicação de ultra-sons na análise e processamento de alimentos). Tendências em Ciência e Tecnologia Alimentar, 6: 293-299.

Mei Li D. e Zao Qi Y. (1997) *Spirulina* industry in China: Situação atual e perspectivas futuras. Journal of Applied Phycology, 9: 25-8.

Mendiola J.A., Jaime L., Santoyo S. e et al. (2007) Rastreio de compostos funcionais em extractos de fluido supercrítico de *Spirulina platensis*. Química alimentar, 102: 1357-67.

Meyer D., Bayarri S., Tárrega A. e Costell E. (2011) Inulin as texture modifier in dairy products. Food Hydrocolloids, 25: 188-1890.

Mezquita P.C., Barragan-Huerta B.E. e Ramireai, J. P. (2014) Estabilidade da astaxantina em iogurte utilizado para simular a cor do alperce, sob refrigeração. Ciência e Tecnologia de Alimentos, 34(3): 559-565.

Mezquita P.C., Barragan-Huerta B.E. and Ramireai, J. P. (2015) Pigmentação de leites com astaxantina e determinação da estabilidade da cor durante um curto período de armazenamento a frio. Ciência e Tecnologia dos Alimentos, 52(3):1634-164.1

Milani E., Koocheki A. (2011) The effects of date syrup and guar gum on physical, rheological and sensory properties of low fat frozen yoghurt dessert. International Journal of Dairy Technology, 64 (1): 121-129.

Minkova K.M., Tchernov A.A., Tchorbadjieva M.I. e Fournadjieva S.T.(2003) Purification of C-phycocyanin from *Spirulina (Arthrospira) Fusiformis*. Journal of Biotechnology, 102: 55-59.

Mishra S.K., Shrivastav A. e Mishra S. (2008) Effect of preservatives for food grade C-PC from *Spirulina platensis*. Process Biochemistry, 43: 339-45.

Moeenfard M. and Tehrani M. (2008) Effect of some stabilizers on the physicochemical and sensory properties of ice cream type frozen yogurt. American-Eurasian Journal of Agricultural & Environmental Sciences, 4: 584-589.

Mohite Y.S., Shrivastava N.D. e Sahu D.G. (2015) Atividade antimicrobiana da ficocianina C de *Arthrospira Platensis* isolada de um ambiente haloalcalino extremo do Lago Lonar. Jornal de Ciência Ambiental, Toxicologia e Tecnologia Alimentar, 1(4): 40-45.

Moorhead K., Capelli B. e Cysewski G.R. (2011) Spirulina- nature,s superfood. Cyanotech Corporation, Hawaii. EUA.

Moraes C.C., Luisa Sala G.P. e Kalil S.J. (2011) C- Extração de ficocianina da biomassa úmida de *Spirulina platensis*. Revista Brasileira de Engenharia Química, 28(1): 45-49.

Murugan T. e Rajesh R. (2014) Cultivo de duas espécies de *Spirulina (Spirulina platensis* e *Spirulina platensis* var *lonar)* em meio de água do mar e extração de C-ficocianina. Jornal Europeu de Biologia Experimental, 4(2): 93-97.

Muse M. R. e Hartel R.W. (2004) Ice cream structural elements that affect melting rate and hardness. Journal of Dairy Science, 87: 1-10.

Muthulakshmi M., Saranya A., Sudha M. e Selvakumar G. (2012) Extração, purificação parcial e atividade antibacteriana da *ficocianina* da *Spirulina* isolada de um corpo de água doce contra vários agentes patogénicos humanos. Jornal de Utilização de Biomassa de Algas, 3(3): 7- 11.

Nagaraj M., Sunitha S. e Varalakshmi P. (2000) Effect of lupeol, a pentacyclic triterpene, on the lipid peroxidation and antioxidant status in rat kidney after chronic cadmium exposure. Journal of Applied Toxicology, 20: 413-417.

Nagpal N., Mungal N. e Chatterjee S. (2011) Microbial pigments with health benefits, a mini review. Tendência em Biociências, 4: 157-160.

Nedovic V., Kalusevie A., Manojlovic V., Levic S. e Bugarski B. (2011) Uma visão geral das tecnologias de encapsulamento para aplicações alimentares. Procedia Food Science, l: 1806-1815.

Nemoto-Kawamura C., Hirahashi T., Nagai T., Yamada H., Katoh T. e Hayashi O. (2004) A ficocianina aumenta a resposta de anticorpos IgA secretos e suprime a resposta de anticorpos IgE alérgicos em ratos imunizados com micropartículas biodegradáveis envoltas em antigénio. Journal of Nutritional Science and Vitaminology (Tóquio), 50(2):129-36.

Norton R. A. (1997) Effect of carotenoids on aflatoxin B1 synthesis by *Aspergillus flavus*. Phytopathology, 87: 814-821.

Nuhu A.A. (2013) *Spirulina (Arthrospira)*: Uma importante fonte de compostos nutricionais e medicinais. Jornal de Biologia Marinha, Artigo ID 325636, 8 páginas.

O'Shaughnessy J.A., Kelloff G.J, Gordon G.B. e et al. (2002) Treatment and prevention of intraepithelial neoplasia: an important target for accelerated new agents development. Clinical Cancer Research, 8: 314-46.

Oghdai S. A., Alami M., Rezaei R., Dadpour M. e Khemiri M. (2012) O efeito da mucilagem de manjericão e das sementes de açafrão nas características físico-químicas, reológicas e sensoriais do gelado creme. Jornal de pesquisa e inovação em ciência e indústria de alimentos, 1(1): 23-36 .[Em persa].

Özkan G. e Bilek S. E. (2014) Microencapsulação de corantes alimentares naturais International Journal of Nutrition and Food Sciences, 3(3): 145-156.

Paliwal C., Ghosh T., Bhayani K., Maurya R. e Mishra S. (2015) Actividades antioxidantes, anti-nefrolíticas e estudos de digestibilidade *in vitro* de três extractos diferentes de pigmentos de cianobactérias. Marine Drugs, 13: 5384-5401.

Pan R., Rongmao L.U. e Zhang Y. (2015) A ficocianina *da espirulina* induz a expressão diferencial de proteínas e a apoptose 1 nas células SKOV-3. Jornal Internacional de Macromoléculas Biológicas. http://dx.doi.org/doi:10.1016/j.ijbiomac.09.039.

Pandiyan C., Annal Villi R., Kumaresan G. e Rajarajan G. (2012) Efeito da incorporação de concentrado proteico de soro de leite na qualidade do gelado. Tamilnadu Journal of Veterinary & Animal Sciences, 8(4): 189-193.

Parniakov O., Barba F.J., Grimi N., Marchal L., Jubeau S., Lebovka N. e Vorobiev E. (2015) Extração assistida por campo elétrico pulsado de compostos de valor nutricional da microalga *Nannochloropsis* spp. utilizando a mistura binária de solventes orgânicos e água. Inovar. Ciência dos Alimentos e Tecnologias Emergentes, 27: 79-85.

Patel A., Mishra S. e Ghosh P.K. (2006) Antioxidant potential of C-phycocyanin isolated from cyanobacterial species *Lynbgya*, *Phormidium* and *Spirulina* spp. Indian Journal of Biochemistry & Biophysics,. 43: 25-31.

Patel A., Mishra S., Pawar R. e Ghosh P.K. (2005) Purificação e caraterização da C-ficocianina de espécies de cianobactérias de habitat marinho e de água doce. Protein Expression and Purification, 40: 248-255.

Patil G., Chethana S., Madhusudhan M.C. e et al. (2008) Fracionamento e purificação das ficobiliproteínas da *Spirulina platensis*. Bioresources Technology, 99(15): 7393-7396.

Patil G., Chethana S., Sridevi A.S. e Raghavarao K.S. (2006) Method to obtain C-phycocyanin of high purity. Journal of Chromatography A, 1127: 76-81.

Pentón-Rol G., Marín-Pridaa J., Pardo-Andreua G., Martínez-Sáncheza G., Acosta-Medinaa E.F., Valdivia-Acostaa A. e et al. (2011) C-Phycocyanin is neuroprotective against global cerebral ischemia/reperfusion injury in gerbils. do Cérebro ResearchBoletim de Investigação Boletim, 86(1-2):42-52.

Pon S. Y., Lee W. J. e Chong G. H. (2015) Propriedades texturais e reológicas do gelado de estévia. Jornal Internacional de Pesquisa Alimentar, 22(4): 1544-1549.

Prabakaran P. e Ravindran A.D. (2013) Eficácia de diferentes métodos de extração de ficocianina de *Spirulina platensis*. Revista

Internacional de Pesquisa em Farmácia e Ciências da Vida, 1(1): 15-20.

Pradhan J., Das S. e Das B. K. (2014) Atividade antibacteriana de microalgas de água doce: uma revisão. Jornal Africano de Farmácia e Farmacologia, 8(32): 809-818.

Preze K. J., Guarienti C., Betolin T. E., Costa J.A.V. e Colla A. M. (2007) Efeito da adição de biomassa seca de *Spirulina platensis* ao iogurte na sobrevivência de bactérias lácticas durante a refrigeração. Microbiologia e Nutrição, 21:77-82.

Promya J. e Chitmanat C. (2011) Os efeitos das algas *Spirulina platensis* e *Cladophora* no desempenho do crescimento, na qualidade da carne e na capacidade de estimulação da imunidade do peixe-gato africano Sharptooth (*Clarias gariepinus*). Internacional de Agricultura e Biologia, 13(1): 77-82.

Pulz O. e Gross W. (2004) Valuable products from biotechnology of microalgae. Applied Microbiology and Biotechnology, 65: 635-648.

Quirós-Sauceda A.E., Ayala-Zavala J.F., Olivas G.I. e González-Aguilar G.A. (2014) Edible coatings as encapsulating matrices for bioactive compounds: a review. Journal of Food Sciences Technology, 51(9):1674-1685.

Rasouli F., Baranji Sh. e Shahab Lavasani A. (2016) Otimização da formulação de gelado tradicional iraniano contendo microalgas spirulina utilizando o método de resposta à superfície. Jornal de Ciência dos Alimentos e Nutrição, 4(3): 15-28. [Em persa]

Rezaei R., Khamari M., Kashani-nejad M. and Aalami M. (1390) The effect of guar gum and gum arabic on some physicochemical properties of frozen yogurt. Food Industry Research Journal, 21 (1): 83-91. [Em persa].

Romay C., González R., Ledón N., Remirez D. e Rimbau V. (2003) C-phycocyanin: Uma biliproteína com efeitos antioxidantes, anti-inflamatórios e neuroprotectores. Current Protein and Peptide Science, 4: 207-216.

Rostango A., Palma M. e Barroso C. (2003) Extração assistida por ultra-sons de isoflavonas de soja. Journal of Choromatraphy, 1012: 119-128.

Rymbai H., Sharma R.R. e Srivastav M. (2011) Bioclourants and its implications in health and food industry - a review. Revista Internacional de Investigação Tecnológica em Farmacologia, 3(4): 2228-2244.

Safari, R. e Reyhani Poul, S., 2023. Cultura Celular de Microalgas Spirulina (Spirulina platensis) e Comparação da Eficiência dos Métodos Enzimático, Ultrassom, Congelamento e Solvente Mineral na Extração do Pigmento Ficocianina. Iranian Food Science and Technology Research Journal, 19(5), pp.649-661.

Safari, R., Poul, S.R. e Yeganeh, S., 2022. Uma revisão abrangente sobre a estrutura, propriedades e aplicação do pigmento ficocianina.

Safari, R., Raftani Amiri, Z. e Esmaeilzadeh Kenari, R., 2018. Avaliação do efeito da temperatura, tempo e pH na estabilidade da ficocianina extraída da Spirulina platensis.

Safari, R., Raftani Amiri, Z. e Esmaeilzadeh Kenari, R., 2020. Actividades antioxidantes e antibacterianas de C-ficocianina do nome comum Spirulina platensis. Revista iraniana de ciências da pesca, 19(4), pp.1911-1927.

Safari, R., Raftani Amiri, Z. Reyhani Poul, S. e Esmaeilzadeh Kenari R. 2022. Avaliação e comparação das propriedades antioxidantes e antibacterianas da ficocianina extraída da alga spirulina (Spirulina Platensis) nas formas pura e nanoencasulada com revestimento combinado de maltodextrina-caseinato de sódio". Journal of food science and technology (Irão) 19, n.º 127 345-358.

Saini M.K., Sanyal S.N. e Vaiphei K. (2014) Apoptose mediada por piroxicam e C-ficocianina na carcinogénese do cólon induzida pelo dicloridrato de 1, 2-dimetil-hidrazina: explorar a via mitocondrial. Nutrition and Cancer, 64(3): 409-418.

Salas M. L., Mounier J. e Valence F. (2017) Agentes microbianos antifúngicos para a biopreservação de alimentos: uma revisão. Microorganismos, 5(37): 1-35.

Saleem M., Afaq F., Adhami V. M. e Mukhtar H. (2004) Lupeol modula as vias NF-(kappa) B e PI3K/ Akt e inibe o cancro da pele em ratinhos CD-1. Oncogene, 23: 5203-5214.

Saleh A.M., Dhar D.W. e Singh P.K. 2011.Comparative pigment profiles of different *Spirulina* strains. Investigação em Biotecnologia, 2(2): 67-74.

Saleh, M e Kousher, R. 2012. "Spirulina-An Overview," International Journal of Pharmacy and Pharmaceutical Sciences, Vol. 4, No 3, 2012, pp. 9-15.

Salehifar M., Shahbazizadeh S., Khosravi Darani K., Behmadi H. e Ferdowsi R. (2013) Possibilidade de utilização da microalga *Spirulina platensis* em pó na produção industrial de biscoitos tradicionais iranianos. Jornal Iraniano de Ciências da Nutrição *e* Tecnologia Alimentar*,* 7: 63-72.

Salehifar M., Shahbazizadeh S., Khosravidarani K. e Bhamdi e. (a 2012) Investigando a possibilidade de enriquecer biscoitos industriais usando microalgas Spirulina platensis. Jornal de Inovação em Ciência e Tecnologia de Alimentos, 5(3): 46-39. [Em persa]

Salehifar M., Shahbazizadeh S., Khosravidarani K., Behmdi H. e Ferdowsi R. (b 2013) Investigando a possibilidade de utilizar o pó de microalgas Spirulina platensis na produção de biscoitos industriais. Jornal de Ciências Nutricionais e Indústrias Alimentares do Irão, 7(4): 72-63. [Em persa]

Salikhezadeh R., Yavari V. e Mousavi, M. (2012) O efeito de diferentes níveis de suplemento nutricional de alga spirulina em alguns indicadores de crescimento, nutrição e composição bioquímica do corpo do peixe de dedo longo (Mesopotamichthys sharpeyi). Oceanografia, 5(18): 21-27. [Em persa].

Sarada D.V.L., Kumar C.S. e Rengasamy R. (2011) C-ficocianina purificada de *Spirulina platensis* (Nordstedt) Geitler: um agente novo e potente contra bactérias resistentes a medicamentos. Jornal Mundial de Microbiologia e Biotecnologia, 27: 779-783.

Sarada R., Pillai M. G. e Ravishankar G.A. (1999) Phycocyanin from *Spirulina* sp: influence of processing of biomass on phycocyanin yield, analysis of efficacy of extraction methods and stability studies on phycocyanin. Process Biochemistry, 34: 795-801.

Saran S., Puri N., Dutjasuja N., Kumar M. e Sharma G. (2016) Otimização, purificação e caraterização da ficocianina da *Spirulina platensis*. Jornal Internacional de Ciência Aplicada e Pura e Agricultura. 2(3): 15-20.

Saranraj P. e Sivasakthi S. (2014) *Spirulina platensis* - Alimento para o futuro. Jornal Asiático de Ciência e Tecnologia Farmacêutica, 4: 26-33.

Sarvaiya A e Mehta J. (2016) Estimativa da biomassa de *Spirulina platensis* em diferentes ambientes físicos e químicos. Revista Internacional de Biotecnologia Recente, 4(2): 14-24.

Serrat M.C.R. (2014-2017) Corante alimentar azul natural. Estudante de doutoramento. Departamento de Engenharia Química, Biotecnologia e Tecnologia Ambiental. Universidade do Sul da Dinamarca.

Seshadri C.V., Umesh B.V. e Manoharan R. (1991) Beta-carotene studies in *Spirulina*. Bioresources Technology, 38: 111-13.

Shakoori, M., Rezaei, M., Chashnidel, Y., Safari, R. e Gholipour, H., 2020. Efeito do pó de algas microencapsulado e não encapsulado de spirulina (Spirulina platensis) na atividade das enzimas antioxidantes e na digestibilidade dos nutrientes dos pintos de carne (Ross 308). Iranian Scientific Fisheries Journal, 29(2), pp.139-146.

Shanmugam, A., Sigamani, S., Venkatachalam, H., Jayaraman, J. D. 2017. Atividade antibacteriana da ficocianina extraída de Oscillatoria sp. Jornal de Ciências Farmacêuticas Aplicadas Vol. 7 (03), 062-067.

Sharathchandra K. e Rajashekhar M. (2013) Atividade antioxidante nas quatro espécies de cianobactérias isoladas de uma nascente de enxofre nos Ghats Ocidentais de Karnataka. Jornal Internacional de Farmacologia e Ciências Biológicas, 4: 275-285 .

Sharma G., Kumar M., Irfan Ali M. e Dutjasuja N. (2014) Efeito do teor de carbono, salinidade e pH em *Spirulina platensis* para acumulação de ficocianina, aloficocianina e ficoeritrina. Journal of Microbial & Biochemical Technology, 6: 202-206.

Sharma M.K., Sharma A., Kumar A. e Kumar M. (2007) *A Spirulina fusiformis* proporciona proteção contra o stress oxidativo induzido pelo cloreto de mercúrio em ratos albinos suíços. Food and Chemical Toxicology, 45: 2412-

Sheikhinejad A., Lababpour A. e Moazzami, N. (2014) Aumento da produção de cianobactérias spirulina através do controlo da mistura e da composição química do meio de cultura. Jornal de Investigação Vegetal (Jornal de Biologia Iraniano), 28(2): 28 353-344. [Em persa].

Shotipruk A. e Kaufman P.B. (2001) Estudo de viabilidade da colheita repetida de mentol de *Menthax piperata* biologicamente viável utilizando extração ultra-sónica. Biotechnology Progress, 17(5): 924-928.

Silveira S.T., Burkert J.F.M., Costa J.A.V., Burkert, C.A.V. e Kalil, S.J. (2007) Otimização da extração de ficocianina da *Spirulina platensis* através de um design fatorial. Bioresource Technology, 98: 1629-1634.

Simsek N., Karadeniz A., Kalkan Y., Keles O.N. e Unal B. (2009) A alimentação com *Spirulina platensis* inibiu a anemia e a leucopenia induzidas pelo chumbo e pelo cádmio em ratos. Journal of Hazardous Materials,164: 1304-9.

Sirakov I., Velichkova K. e Nikolov G. (2012) O efeito da farinha de algas (*Spirulina*) no desempenho de crescimento e nos parâmetros de carcaça da truta arco-íris (*Oncorhynchus mykiss*). Journal of BioScience and Biotechnology. 151-156.

Sitohy M., Osman A., Ali Abdel G. e Salama A. (2015) Ficocianina antibacteriana de *Anabaena oryzae* SOS13. Revista Internacional de Pesquisa Aplicada em Produtos Naturais, 8(4): 27-36.

Sivasankari S., Ravindran N. e Ravindran D. (2014) Comparação de diferentes métodos de extração para a extração de ficocianina e rendimento de *Spirulina platensis*. Jornal Internacional de Microbiologia Atual e Ciências Aplicadas, 3: 904-909.

Sohaili M., Rezaei K., Mortazavi A. e Khosravidarani K. (2012). Produção de ficocianina por Spirulina platensis. Jornal de Ciências da Nutrição e Indústrias Alimentares do Irão, 7(5): 797-787. [Em persa].

Soheili M. (2011) Os potenciais benefícios para a saúde das algas e microalgas na medicina: Uma revisão sobre a *Spirulina platensis*. Atual Nutrição de Ciências Alimentares, 7(4): 279-285.

Sonani R.R., Singh N.K., Kumar J., Thakar D. e Madamwar D. (2015) Purificação simultânea e atividade antioxidante de ficobiliproteínas de *Lyngbya* sp. A09DM: um potencial antioxidante e anti-envelhecimento da ficoeritrina em *Caenorhabditis elegans*. Process Biochemistry, 49: 1757-1766.

Song S.K . Beck B.R. Kim D. (2014 ) Prebióticos como imunoestimulantes em aquacultura: A review. Fish & Shellfish Immunology, 40(1): 40-48.

Sonwane R.S. e Hembade A. (2014) Qualidade sensorial do gelado dietético de serviço suave preparado com diferentes proporções de maltodextrina. Jornal Internacional de Pesquisa Atual e Revisão Acadêmica, 2(6): 51-55.

Soukoulis C., Chandrinos I. e Tzia C. (2008) Estudo da funcionalidade de hidrocolóides seleccionados e das suas misturas com k-carragenina na qualidade de conservação do gelado de baunilha, LWT . Ciência e Tecnologia Alimentar, 41: 1816-1827.

Spolaore P., Joannis-Cassan C., Duran E. e Isambert A. (2006) Commercial applications of microalgae. Journal of Bioscience and Bioengineering, 101: 87-96.

Suzery M., Hadiyanto Majid, D. Setyawan D. Sutanto H. (2017) Melhoria da estabilidade e das actividades antioxidantes através da utilização da técnica de encapsulamento ficocianina-quitosano. Ciência da Terra e do Ambiente, 55. doi:10.1088/1755-1315/55/1/012052. 1-7.

Taksima T., Limpawattana M. e Klaypradit M. (2015) Astaxantina encapsulada em grânulos usando atomizador ultra-sônico e aplicação em iogurte como avaliado pelo perfil sensorial do consumidor. LWT - Ciência e Tecnologia de Alimentos, 62(1): 431-437.

Takyar, M.B.T., Khajavi, S.H. e Safari, R., 2019. Avaliação das propriedades antioxidantes de Chlorella vulgaris e Spirulina platensis e sua aplicação para prolongar o prazo de validade dos filetes de truta arco-íris (Oncorhynchus mykiss) durante o armazenamento refrigerado. Lwt, 100, pp.244-249.

Tantirapan P. e Suwanwong Y. (2014) Efeitos anti-proliferativos da C-ficocianina numa linha celular leucémica humana e indução de apoptose através da via PI3K/AKT. Jornal de Investigação Química e Farmacêutica, 6(5):1295-1301.

Tongsiri S., Mang-Amphan K. e Peerapornpisal Y. (2010) Efeito da substituição da farinha de peixe por *Spirulina* no crescimento, composição da carcaça e pigmento do peixe-gato gigante do Mekong. Jornal Asiático de Ciências Agrícolas, 2(3): 106-110.

Ulpathakumbura C.P, SenakaRanadheera C., Senavirathne N.D. e Jayawardene L.P. (2016) Effect of biopreservatives on microbial, physico-chemical and sensory properties of Cheddar cheese. Food Bioscience,13(1): 21-25.

Varga L., Monlar N. e Szigeti J. (2012b) Tecnologia de fabrico de um leite fermentado mesofílico enriquecido com *spirulina*. In: Conferência científica internacional sobre desenvolvimento sustentável e pegada ecológica.

Varga L., Sule J. e Szigeti J. (2012a) Estimulação de lactobacilos e bifidobactérias probióticos em alimentos lácteos cultivados. Conferência científica internacional sobre desenvolvimento sustentável e pegada ecológica.

Vinatoru M. (2001) Uma visão geral da extração ultrassonicamente assistida de princípios bioativos de ervas. Ultrasonics Sonochemistry, 8: 303-313.

Vonshak A. (1997) *Spirulina platensis*: physiology, cell-biology and biotechnology. Londres: Taylor & Francis. p. 233.

Walter A., Carvalho J. e Soccol V. (2011) Estudo da produção de ficocianina por *Spirulina platensis* sob diferentes espectros de luz. Arquivos Brasileiros de Biologia e Tecnologia, 54(4): 675-682.

Watanuki H., Ota K., Tassakha A.C.M., Kato T. e Sakai M. (2006) Immunostimulant effects of dietary *Spirulina platensis* on carp, *Cyprinus carpio*. Aquaculture, 258: 157-63.

Wikipédia: [Online]. (2012) [citado em 2012]. Disponível em: http://en.wikipedia.org/wiki/Smarties.

Wu Q., Liu L., Miron A. e Klímová B. (2016) As actividades antioxidantes, imunomoduladoras e anti-inflamatórias da *Spirulina*: uma visão geral. Arquivos de Toxicologia, DOI 10.1007/s00204-016-1744-5. 1-27.

Wu Z., Duangmanee P., Zhao P., Juntawong N. e Ma C. (2016) Os efeitos da luz, temperatura e nutrição no crescimento e acumulação de pigmentos de três estirpes de *Dunaliella salina* isoladas de solo salino. Jundishapur Journal of Microbiology, 9(1): 1-9.

Yan M., Liu B., Jiao X. e Qin S. (2014) Preparação de microcápsulas de ficocianina e suas propriedades. Processamento de Alimentos e Bioprodutos, 92: 89-97.

Ying Z., Han X. e Li J. (2011) Extração assistida por ultra-sons de polissacáridos de folhas de amoreira. Química Alimentar, 127: 1273-1279.

Yousefian M. and Sheikholeslami M. (2009) A review of the use of prebiotic in aquaculture for fish and shrimp. Jornal Africano de Biotecnologia, 8(25): 7313-7318.

Yu P., Wu Y., Wang G., Jia T. e Zhang Y. (2017) Purificação e bioactividades da ficocianina. Revisões críticas em ciência e nutrição de alimentos, 57 (18): 3840-3849.

Zabodalova L., Ishchenko T., Skvortcova N., Baranenko D. e Chernjavskij V. (2014) Liposomal beta-carotene as a functional additive in dairy products. Agronomy Research, 12(3): 825-834.

Zbinden M.D.A., Sturm B.S., Nord R.D., Carey W.J., Moore D., Shinogle H. e Stagg-Williams S.M. (2013) Campo elétrico pulsado (PEF) como pré-tratamento de intensificação para uma extração de lípidos por solvente mais ecológica a partir de microalgas. Biotecnologia e Bioenergia, 110: 1605-1615.

Zgoda J.R. e Porter J.R. (2000) A convenient microdilution method for screening natural product against bacteria and fungi. Pharmaceutical Biology, 39: 221-225.

Zheng J., Inoguchi T., Sasaki S., Maeda Y., McCarty MF., Fujii M., Ikeda N. e Kobayashi K. (2013) A ficocianina e a ficocianobilina da *Spirulina platensis* protegem contra a nefropatia diabética através da inibição do stress oxidativo. Revista americana de fisiologia. Fisiologia reguladora, integrativa e comparativa, 304(2):110-20.

Zhu Q.Y., Hackman RM., Ensunsa J.L., Holt R.R. e Keen C.L. (2002) Antioxidative activities of Oolong tea. Journal of Agriculture Food Chemistry, 50: 6929-6934.

Zuidam N.J. e Nedović V.A. (2010) Encapsulation Technologies for Active Food Ingredients and Food Processing, Springer Science, Business Media, LLC.

# Índice

Printed by Books on Demand GmbH, Norderstedt / Germany